中国北方常见树木快速识别

张志翔　张钢民　赵良成　编著
孙学刚　穆立蔷　闫双喜

中国林业出版社

图书在版编目（CIP）数据

中国北方常见树木快速识别 / 张志翔等编著. —— 北京：中国林业出版社，2014.5（2017.1重印）

ISBN 978-7-5038-7439-0

Ⅰ．①中… Ⅱ．①张… Ⅲ．①树种－识别－中国

Ⅳ．①S79

中国版本图书馆CIP数据核字(2014)第069155号

摄影者（按拼音字母顺序排列）

杜凤国	郭起荣	何　理	李进宇	林秦文	刘　冰
刘　敏	刘全儒	刘仁林	刘　晓	沐先运	穆立蔷
宁　宇	尚　策	孙学钢	铁　军	汪　远	王贤荣
谢　磊	闫双喜	杨文利	易咏梅	喻勋林	张钢民
张　鑫	张志翔	赵良成	郑宝江	周　繇	朱　强

出　版　中国林业出版社（100009　北京市西城区德内大街刘海胡同7号）

E-mail　13901070021@139.com

电　话　(010) 83283569

印　刷　北京卡乐富印刷有限公司

发　行　新华书店北京发行所

印　次　2017年1月第1版2次

开　本　787mm×1092mm　1/16

印　张　14.75

印　数　3000

字　数　300千字

定　价　98.00元

前言

　　树木的识别和认知是林业及相关领域重要的基本技能。大学生学习《树木学》《植物分类学》《植物学》等课程和进行实习时，需要一本既科学又易懂的树木识别手册；林业工作者在进行树木调查和利用时，需要一本能快速查找的树木识别手册；植物爱好者或野外郊游探险者，也很需要一本通俗易懂的树木识别手册。为满足这样的需求，我们组织了相关人员编写了本手册。

　　手册主要涉及我国北方树木，适当兼顾南方重要的森林组成树种、生态建设用树种、工业原料树种和中国特有珍稀濒危物种，共涉及 78 科 203 属 449 种，其中裸子植物 8 科 17 属 41种，被子植物 70 科 186 属 408 种。

　　手册的编写汇聚从事树木学研究和教学工作者对树种识别的知识和经验，对重要树种凝练出了识别要点。在重点树种的基础上，对相近物种的识别要点以枝叶检索表的形式展现，图文并茂，内容新颖，特征明确，形象生动，具有较强的可读性和实用性。树种的检索抛弃以往呆板的形式，按裸子植物和被子植物两大植物类群，以叶的着生方式、叶的类型和叶缘等叶的特征为中心，将植物分为不同的小类群，以色块为基调，每一小类群使用同一色调，在书的右侧形成色阶，使查找容易、快速。为方便专业人员使用，还配有目录、中文名和拉丁名索引供查询。目录中裸子植物科按《中国植物志》第七卷排列，被子植物科除虎耳草科等个别科外，基本是按 Cronquist 系统排列，科内树种以出现顺序排列。手册为每个重点树种提供了分布示意图，以供参考，但具体以实际分布为准。

　　手册是《树木学》（北方本）教学及实习的重要参考资料，适合于树木学学习和野外树种识别；也是林业工作者和野外探险郊游者的良师益友，有助于森林调查、自然保护及规划、水土保持与荒漠化防治、森林游憩与鉴赏以及城乡生态环境建设对造林树种选择与识别。

　　该书的编写出版得到国家自然科学基金委员会"经典植物分类特殊学科点项目（批准号：J1310002)" 的支持，也得到国内树木学同行和植物分类爱好者的大力支持，这里一并感谢！由于编者知识和水平有限，出现物种鉴定和文字错误在所难免，希望读者给予谅解，并期盼与我们沟通改进。

编著者

2014 年 2 月 15 日

树种检索路径图

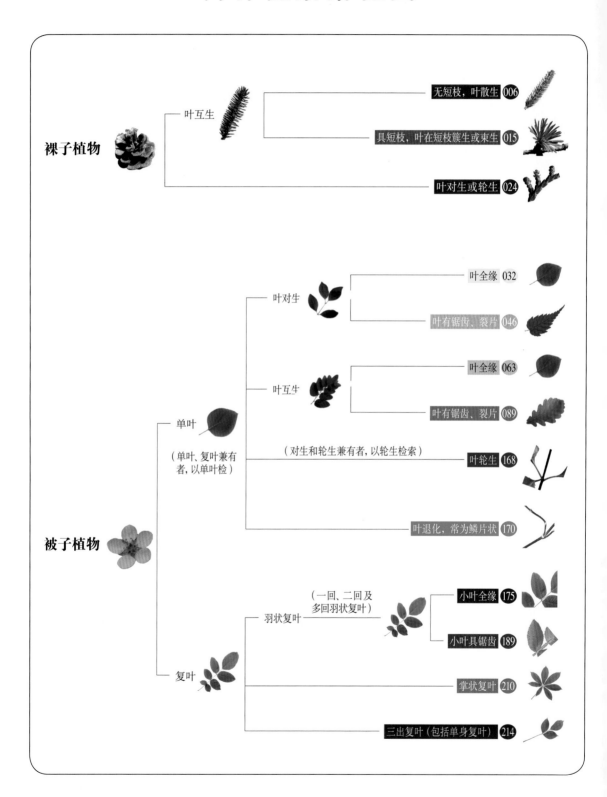

裸子植物

叶互生
- 无短枝，叶散生 ⑥
- 具短枝，叶在短枝簇生或束生 ⑮

叶对生或轮生 ㉔

被子植物

单叶
（单叶、复叶兼有者，以单叶检）

- 叶对生
  - 叶全缘 032
  - 叶有锯齿、裂片 046
- 叶互生
  - 叶全缘 063
  - 叶有锯齿、裂片 089
- （对生和轮生兼有者，以轮生检索）叶轮生 168
- 叶退化，常为鳞片状 170

复叶

- 羽状复叶（一回、二回及多回羽状复叶）
  - 小叶全缘 175
  - 小叶具锯齿 189
- 掌状复叶 210
- 三出复叶（包括单身复叶）214

目 录 *

植物形态术语图解

裸子植物

被子植物

---

　* 本目录中裸子植物科按《中国植物志》第七卷排列，被子植物科除虎耳草科等个别科外，基本是按 Cronquist 系统排列，科内树种以出现顺序排列。

3

植物形态术语图解

1.叶序

| 叶互生 | 叶对生 | 叶轮生 | 叶散生 | 叶簇生 | 叶束生 |

2.叶类型

| 单叶 | 一回奇数羽状复叶 | 一回偶数羽状复叶 | 羽状三出复叶 |

| 二回奇数羽状复叶 | 二回偶数羽状复叶 | 掌状复叶 | 单身复叶 |

3.叶形

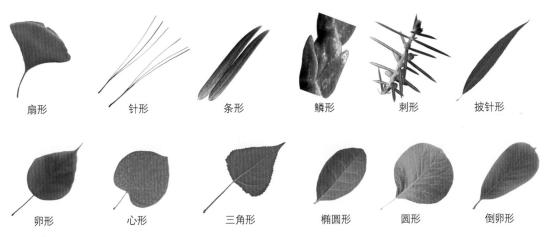

| 扇形 | 针形 | 条形 | 鳞形 | 刺形 | 披针形 |

| 卵形 | 心形 | 三角形 | 椭圆形 | 圆形 | 倒卵形 |

4.叶尖

渐尖　　　锐尖　　　尾尖　　　突尖　　　钝圆　　　微凹

5.叶基

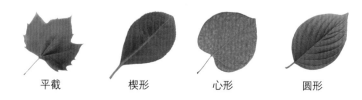

平截　　　楔形　　　心形　　　圆形

6.叶缘及叶裂

全缘　　　锯齿　　　重锯齿　　　波状齿　　　刺芒状锯齿

羽状浅裂　　羽状深裂　　羽状全裂　　掌状浅裂　　掌状深裂　　掌状全裂

7.叶脉

羽状脉　　　掌状脉　　　三出脉　　　弧形脉　　　平行脉

8.花冠类型

蔷薇形花冠　　　蝶形花冠　　　假蝶形花冠　　　坛状花冠　　　管状花冠　　　唇形花冠

9.花被片类型

无被花（雄花）　　单被花　　　同被花　　　双被花　　　离瓣花　　　合瓣花

10.花的子房类型

子房上位下位花　　　　子房上位周位花　　　　子房下位上位花

11.花序类型

穗状花序　柔荑花序　头状花序　肉穗花序　隐头花序　总状花序　伞房花序　伞形花序　圆锥花序　聚伞花序

常见的花序(图例)

花单生　　　　花簇生　　　　总状花序

穗状花序　　　　柔荑花序　　　　头状花序（雌）

隐头花序　　伞形花序　　　聚伞花序　　　二岐聚伞花序

圆锥花序　　　　　　　复伞房花序

12.果实类型

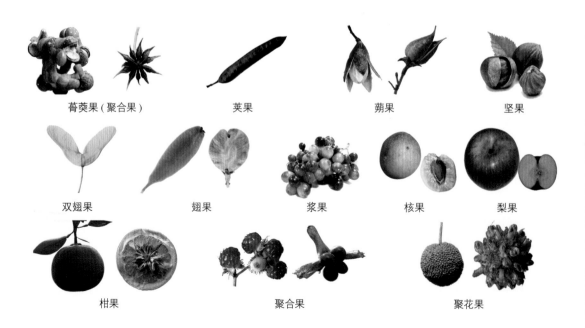

蓇葖果（聚合果）　　　荚果　　　　蒴果　　　　坚果

双翅果　　　翅果　　　浆果　　　核果　　　梨果

柑果　　　　　聚合果　　　　聚花果

裸子植物

苏铁 *Cycas revoluta* Thunb. 苏铁科 Cycadaceae

树形

树形和习性：树干圆柱形，直立，不分枝，常密被宿存的木质叶基。
树皮：干皮灰黑色，具螺旋状排列的宿存的叶柄残痕。
树干：圆柱状，多不分枝。
叶：大型羽状叶集生干顶，长 70~200cm；羽片呈 V 形伸展，缘向外反卷；叶柄两侧有齿状刺。
球花：雄球花卵状圆柱形，长 30~60cm，径 8~15cm，小孢子叶多数，瓦片状排列；雌球花近球形，大孢子叶长 15~24cm，密被灰黄色绒毛，羽状深裂；胚珠 4~6，着生于大孢子叶柄的两侧，密被淡褐色绒毛。
种子：熟时橘红色，倒卵形或长圆状，长 4~5cm，被绒毛。
花果期：花期 6~7 月；种子 9~10 月成熟。
分布：产台湾、福建、广东、广西、四川、云南等地。全国各地广为栽培，为重要观赏植物。北方地区盆栽，温室越冬。

雄球花

雌球花

种子

3 层种皮

快速识别要点

　　常绿乔木；茎干常不分枝，具宿存叶痕。大型羽状叶，集生干顶。雌雄异株，雄球花卵状圆柱形，雌球花近球形。种子核果状，熟时橘红色，被绒毛。

铁杉 *Tsuga chinensis* (Franch.) Pritz. 松科 Pinaceae

树形

树形和习性：常绿乔木，高达 50m，胸径达 160cm。
树皮：灰褐色，片状剥裂。
枝条：小枝有浅叶枕。一年生枝细，淡黄色或淡黄灰色，有短毛。
叶：条形，螺旋状互生，基部扭曲排成假 2 列，长 1.2~2.7cm，宽 1.5~3mm，顶端凹缺，表面中脉凹下，背面中脉两侧各有一条气孔带。
球花：雄球花单生于叶腋，雌球花单生于枝顶。
球果：较小，卵形，长 1.5~2.5cm，径 1.2~1.6cm；种鳞宿存，苞鳞小，不外露。
种子：种子上端有翅，连翅长 7~9mm。
花果期：花期 4 月；球果成熟期 10 月。
分布：中国特有树种。产河南南部、陕西南部、甘肃南部、湖北、湖南、四川、贵州。材质坚硬，为优良用材，亦为森林采伐后的重要更新树种。

树皮

球果枝，示叶正面

球果枝，示叶背面

成熟球果

快速识别要点

　　常绿乔木；小枝具叶枕。叶条形，顶端凹缺，表面中脉凹下，基部扭曲排成假 2 列。球花单生。球果小，卵形，下垂。

臭冷杉 *Abies nephrolepis* (Trautv. ex Maxim.) Maxim. 松科 Pinaceae

树形

树形和习性: 常绿乔木,高达 30m,胸径 50cm;树冠圆锥形。

树皮: 幼树树皮光滑;老树树皮灰色,浅纵裂或块状剥落。

枝条: 小枝对生,具圆形而微凹的叶痕,一年生枝淡黄褐色,密被短绒毛;冬芽圆球形,有树脂。

叶: 条形,扁平,螺旋状互生,叶长 1.5~3cm,宽 1.5mm,营养枝叶顶端凹缺或 2 裂,叶背面有 2 条白色气孔带,新生叶尤为明显。

球花: 雌雄同株,雌、雄球花均单生于去年生枝的叶腋。

球果: 圆柱形,直立,长 4.5~9.5cm,径 2~3cm;种鳞木质,成熟时自中轴脱落,中部种鳞肾形,密生短毛;苞鳞倒卵形,微露出。种子倒卵状三角形,微扁,顶端具翅。

花果期: 花期 4~5 月;球果成熟期 9~10 月。

分布: 主产东北小兴安岭、长白山林区,河北、山西也有分布。

树皮

枝条,示叶着生方式

球果

快速识别要点

常绿乔木;树冠圆锥形。小枝对生,具圆形叶痕。叶条形,扁平,营养枝叶顶端凹缺或 2 裂。球果直立,种鳞扁平,成熟时自中轴脱落,肾形。

相近树种识别要点检索

1. 一年生小枝密被短柔毛;营养枝叶顶端凹缺或 2 裂;种鳞肾形⋯⋯⋯⋯⋯⋯⋯⋯⋯⋯⋯⋯**臭冷杉 A.nephrolepis**
1. 一年生小枝无毛;营养枝叶顶端锐尖或渐尖;种鳞伞形或四边形⋯⋯⋯⋯⋯⋯⋯⋯⋯⋯**辽东冷杉 A.holophylla**

辽东冷杉 *Abies holophylla* Maxim. 松科 Pinaceae

树形

树皮

叶

小枝

叶痕

白杆 *Picea meyeri* Rehd. et Wils. 松科 Pinaceae

树形

树形和习性: 常绿乔木,高达 30m,胸径 60cm;树冠塔形。
树皮: 灰褐色,不规则块状开裂。
枝条: 大枝平展,小枝黄褐色,被短绒毛,叶脱落后留有凸起的叶枕;冬芽圆锥形,宿存芽鳞向外反卷。
叶: 螺旋状互生,四棱状条形,顶端锐尖或钝,表面每边有 6~7 条白色气孔线,背面每边有 4~5 条白色气孔线,而使幼叶呈现白色。
球花: 单性,雌雄同株,雄球花单生叶腋,雌球花单生枝顶,雄球花黄色;雌球花紫红色。
球果: 柱形,长 6~9cm,下垂,成熟前多为绿色,或基部呈红色;中部种鳞倒卵形,顶端圆或钝三角形。
种子: 倒卵形,连翅长 1.3cm。
花果期: 花期 5 月;球果成熟期 9~10 月。
分布: 中国特有种。产内蒙古、河北、山西、陕西和甘肃南部,是华北地区高山主要森林树种之一。华北地区的园林绿化广为栽培。

树干

小枝基部芽鳞翻卷

叶

叶枕

种子

快速识别要点

常绿乔木;树冠塔形。小枝黄褐色,具木钉状叶枕;宿存芽鳞向外反卷。叶四棱状条形,顶端钝尖。球果柱形,成熟前常为绿色,下垂。

雄球花

雌球花

球果

相近树种识别要点检索

1. 叶四棱形或微扁四棱形,四面有气孔线,球果种鳞排列紧密
  2. 小枝红褐色或黄褐色,基部宿存芽鳞向外反卷;顶芽圆锥形,基部芽鳞反卷,幼叶灰白色
    3. 叶先端锐尖,横切面微扁四棱,球果成熟前多为红色或紫红色或···········红皮云杉 *P. koraiensis*
    3. 叶先端钝或钝尖,横切面四棱形,球果未成熟前多为绿色············白杆 *P. meyeri*
  2. 小枝灰白色,基部宿存芽鳞不反卷;顶芽卵圆形,芽鳞不反卷,幼叶绿色············青杆 *P. wilsonii*
1. 叶扁平条形,仅上面有气孔线;球果种鳞排列疏松,边缘具细缺刻············鱼鳞云杉 *P. jezoensis* var. *microsperma*

青杆 *Picea wilsonii* Mast. 松科 Pinaceae

树形

树皮

种鳞

小枝及冬芽

雌球花

球果

红皮云杉 *Picea koraiensis* Nakai 松科 Pinaceae

树形

树形和习性：常绿乔木，高达 30m，胸径 80cm；树冠尖塔形。
树皮：灰褐色或淡红褐色，不规则长薄片状脱落，裂缝呈黄褐色。
枝条：一年生小枝红褐色，被短毛；叶脱落后在枝条上留有显著隆起的叶枕。冬芽淡红褐色圆锥形，宿存芽鳞反卷。
叶：螺旋状互生，扁四棱状条形，先端尖、硬，四面均有气孔线。
球花：球花单性，雌雄同株；雌、雄球花单生叶腋，雌球花紫红色。
球果：下垂，圆柱形，长 5~8cm，种鳞革质，宿存，成熟时中部种鳞倒卵形，顶端圆形。
种子：种子灰黑褐色，倒卵形，上端具长翅，连翅长 1.3~1.6cm。
花果期：花期 5~6 月；球果 9~10 月成熟。
分布：产东北大、小兴安岭、长白山及辽宁东部和内蒙古东部。常与红松、落叶松、臭冷杉、白桦等树种形成混交林，是东北地区造林、更新及庭院绿化树种。东北地区及北京等地普遍栽培。

叶枕

雌球花

雄球花

球果

种子

快速识别要点

常绿乔木；树冠尖塔形。小枝黄褐色，具显著隆起的叶枕，基部宿存芽鳞反卷。顶芽圆锥形。叶四棱状条形，螺旋状互生。球果下垂，种鳞宿存。

鱼鳞云杉 *Picea jezoensis* Carr. var. *microsperma* (Lindl.) Cheng et L. K. Fu 松科 Pinaceae

树皮

枝叶

球果枝

球果

成熟球果

杉木 *Cunninghamia lanceolata* (Lamb.) Hook. 杉科 Taxodiaceae

人工林

树形和习性：常绿大乔木，高达 30m 以上，胸径可达 2.5~3m。树冠幼时尖塔形，老时圆锥形。

树皮：树干通直，树皮薄，红褐色，呈长条状开裂。

枝条：大枝平展，小枝近对生或轮生，常成二列状，幼枝绿色，无毛；冬芽圆球状。

叶：披针形，长 3~6cm，宽 3~5mm，质坚硬，上面有光泽，边缘有细锯齿，两面均有白色气孔带，下面气孔带较宽；在侧枝上则基部扭转成 2 列状。

球花：雄球花圆锥状矩圆形，长 1.5~3cm，数朵簇生于枝顶，每雄蕊有 3 花药；雌球花卵圆形，单生或 2~3 朵簇生枝顶，苞鳞发达，珠鳞退化，每珠鳞腹面有 3 胚珠。

球果：球果卵圆形，长 2.5~5cm，径 2~4cm，苞鳞棕黄色，革质，三角状卵形，先端有坚硬的刺尖，边缘有不规则细齿。

种子：长卵形，扁平，长 6~8mm，两侧有窄翅。

花果期：花期 3~4 月；球果于 10 月下旬成熟。

分布：产秦岭、淮河以南，南至广东、广西、云南，东自沿海，西至四川西部。多为栽培，是亚热带地区的重要造林树种。

快速识别要点

树冠圆锥形；树皮长条片状脱落。叶条状披针形，常成二列状排列，缘有细锯齿。球果卵圆形，苞鳞棕黄色，革质，扁平，革质，先端成刺尖。

树皮

叶背面，示气孔带

叶序

雄球花

雌球花

球果（未成熟）

成熟球果

种子

柳杉 *Cryptomeria fortunei* Hooibrenk ex Otto et Dietr. 杉科 Taxodiaceae

树形

树皮

树形和习性： 常绿大乔木，高达 40m，胸径 2m。树冠尖塔形。

树皮： 树干通直，树皮红棕色，纤维状，裂成长条片状脱落。

枝条： 大枝近轮生，平展或斜展；小枝细长，常下垂，绿色。

叶： 螺旋状互生，在枝条上列成近 3 列；叶钻形，先端内弯，四边有气孔线，长 1~1.5cm；果枝上的叶通常较短，有时长不及 1cm，幼树及萌芽枝上的叶长达 2.4（~3）cm。

球花： 雄球花单生叶腋，长椭圆形，长约 7mm，集生于小枝上部，成短穗状花序状；雌球花顶生于短枝上，苞鳞与珠鳞合生，顶端分离，每珠鳞具 2 个胚珠。

球果： 球果近球形，直径 1.2~2cm，熟时深褐色，种鳞约 20 片，木质，盾形，先端具 4~5 个三角形裂齿。

种子： 每种鳞具 2 枚种子，种子呈不规则的扁椭圆，边缘具窄翅。

花果期： 花期 4 月；球果成熟期 10~11 月。

分布： 中国特有树种，产长江流域以南。南方各地广泛栽培，是重要的用材林、防护林、水源涵养林和公益林的理想树种。

球果枝

雄球花

快速识别要点

常绿乔木；树冠尖塔形；树皮长条片状脱落。叶钻形，先端常内弯，螺旋状排列成近 3 列。球果近球形，种鳞木质，盾形，顶端具 4~5 裂齿。

成熟球果

相近树种识别要点检索

1. 叶先端常内弯；球果具种鳞20枚左右，种鳞先端具4~5 个三角状较短的裂齿，每种鳞具 2 枚种子··柳杉 *C. fortunei*

1. 叶直伸，通常不内弯；球果种鳞较多，20~30 枚，种鳞先端裂具 4~7 个三角状较长的裂齿，每种鳞具 2~5 枚种子····················日本柳杉 *C. japonica*

日本柳杉 *Cryptomeria japonica* (Thunb. ex L. f.) D. Don 杉科 Taxodiaceae

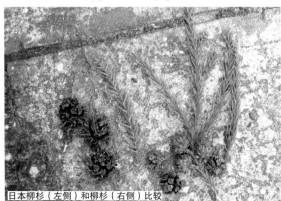
日本柳杉（左侧）和柳杉（右侧）比较

成熟球果

落羽杉 *Taxodium distichum* (L.) Rich. 杉科 Taxodiaceae

树形

树形和习性：落叶乔木，高达 50m。树冠多呈圆锥状。
树皮：树干基部常膨大；树皮褐色，呈长条状脱落。树干周围常有红褐色膝状呼吸根。
枝条：大枝平展；小枝分为有芽小枝和无芽小枝，无芽小枝冬季与叶同落；有芽的小枝宿存，冬芽小，球形。
叶：叶条形，扁平，长 1~1.5cm，互生，基部扭转排成羽状 2 列，冬季随无芽小枝一起脱落。
球花：单性，雌雄同株；雄球花卵球形，多数，在小枝顶端成总状或圆锥状；雌球花有多数螺旋状排列的珠鳞，每珠鳞具 2 胚珠，苞鳞和珠鳞几乎完全合生。
球果：球果近球形，径约 2cm，具短梗，熟时淡黄褐色，有白粉，种鳞木质，盾形。
种子：不规则三角形，木质，有锐棱。
花果期：雄球花头年夏末初秋形成，春天开花；球果 10 月成熟。
分布：原产北美洲，生于亚热带排水不良的沼泽化土壤上。现河南、山东及长江流域广为栽培，为优良的园林绿化树种。

叶

呼吸根

快速识别要点

　　落叶乔木，树冠圆锥状。叶互生，柔软条形，在无芽小枝叶上排成羽状，冬季与小枝一起脱落。球果近球形，具短梗，种鳞螺旋状互生，木质，盾形，成熟脱落。

球果

枝叶

相近树种识别要点检索

1. 大枝平展；叶扁平条形，排成羽状 2 列 ·· 落羽杉 *T. distichum*
1. 大枝向上伸展；叶钻形，紧包枝条，不排成 2 列 ·································· 池杉 *T. ascendens*

池杉 *Taxodium ascendens* Brongn. 杉科 Taxodiaceae

树干及呼吸根

球果枝

落羽杉（左）与池杉（右）

球果

三尖杉 *Cephalotaxus fortunei* Hook. 三尖杉科 Cephalotaxaceae

树形

树形和习性：常绿小乔木至乔木，高达 20m，胸径 40cm。
树皮：树皮紫色，薄片状剥落。
枝条：枝细长，稍下垂。
叶：叶条状披针形，微弯，近对生，基部扭转排成二列，上面中脉隆起，叶背中脉两侧各有一条白色气孔带。长 4~13（多 5~10）cm，宽 3~5mm，先端渐尖，有长尖头，基部楔形或宽楔形。
球花：雌雄异株，稀同株；雄球花 8~10 朵集生成头状，具梗，每雄球花具 6~16 枚雄蕊，花药 3；雌球花具长梗，生于小枝基部苞片腋部，稀近枝顶，每一苞片的腋部生 2 个胚珠，胚珠基部具囊状珠托。雄球花总梗长 6~8mm；雌球花总梗长 1.5~2cm。
球果：核果状，椭圆状卵形或卵球形，内具 1 扁椭圆形的种子。
种子：种子褐色，翌年成熟，全部包于由珠托发育成的肉质假种皮中，4~8 生于总梗上，椭圆形或近球形，长 2~2.5cm，假种皮熟时紫色或紫红色。
花果期：花期 4 月，种子 8~10 月成熟。
分布：中国特有树种。产河南伏牛山、大别山，陕西秦岭以南，甘肃南部，长江以南各省区（秦岭、淮河以南至长江流域）广泛分布。在东部适生于海拔 1000m 以下，西南部可达海拔 2700~3000m。

叶片正背面

雄球花

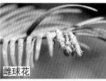
雌球花

带假种皮种子

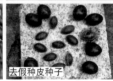
去假种皮种子

快速识别要点

　　常绿小乔木。叶条状披针形，微弯，基部扭转排成二列，先端渐尖成长尖头。雄球花 8~10 朵集生成头状，具梗。球果核果状，假种皮熟时紫红色，形色如大枣，内具 1 扁椭圆形褐色的种子。

相近树种识别要点检索

1.叶较长，条状披针形，微弯，先端渐尖，成长尖头，基部楔形。雄球花 8~10 朵集生成头状……………………………………………………………………………………三尖杉 *C. fortunei*

1.叶较短，条形，通常直，不弯曲，先端渐尖或微凸尖，不成长尖头，基部圆形。雄球花 6~7 朵聚成头状……………………………………………………………………………粗榧 *C. sinensis*

粗榧 *Cephalotaxus sinensis* (Rehd. et Wils.) Li 三尖杉科 Cephalotaxaceae

树形

枝条

叶序正反面

雄球花

种子枝

带假种皮种子

东北红豆杉 *Taxus cuspidata* Sieb. et Zucc. 红豆杉科 Taxaceae

树形

树形和习性：常绿乔木，高达 20m，胸径 40cm。栽培者常见有灌木，俗称矮紫杉。
树皮：红褐色，有浅裂纹。
枝条：当年生枝条绿色，秋后呈淡红褐色；二、三年生枝条红褐色；冬芽淡黄褐色。
叶：条形，长 1.5~2cm，宽 1.5~2mm，较密，排成彼此重叠的不规则 2 列，基部近对称，正面深绿色，有光泽，背面中脉两侧有两条淡褐色气孔线。
球花：单性，雌雄异株；雄球花单生叶腋，雄球花具雄蕊 9~14 枚，每个雄蕊边缘辐射状排列 5~8 个花药；雌球花单生叶腋，基部具多数苞片。
种子：褐色，卵圆形，长约 6mm，半包于红色肉质假种皮中，有明显横脊，种脐三角形或四方形。
花果期：花期 5~6 月；种子在 9~10 月成熟。
分布：产黑龙江小兴安岭，张广才岭、老爷岭，吉林长白山、辽宁宽甸。树皮、枝叶均可提取抗癌药物紫杉醇，亦为优质用材和观赏树种。华北常见其变种矮紫杉 *Taxus cuspidata* var. *nana* 为灌木，株形低矮，密集，枝条开展。

叶片正背面

雄球花

假种皮

快速识别要点

常绿乔木。叶条形，在枝条上密集排成彼此重叠的不规则 2 列。球花单生叶腋。雄球花具雄蕊 9~14 枚，每个雄蕊具花药 5~8 个。种子坚果状，有横脊，半包于红色肉质假种皮中。

种子被假种皮半包

相近树种识别要点检索

1. 叶较密，排成不规则 2 列，基部近对称；种子有横脊⋯⋯⋯⋯⋯⋯⋯⋯⋯⋯⋯⋯⋯⋯东北红豆杉 *T. cuspidata*
1. 叶稀疏，排成羽状 2 列，基部偏斜；种子无横脊⋯⋯⋯⋯⋯⋯⋯⋯⋯⋯⋯红豆杉 *T. wallichiana* var. *chinensis*

红豆杉 *Taxus wallichiana* Zucc. var. *chinesis* (Pilg.) Florin 红豆杉科 Taxaceae

树形

雄球花枝

假种皮半包种子

银杏 *Ginkgo biloba* L. 银杏科 Ginkgoaceae

树形

树形和习性：落叶乔木，树干端直，高达40m，胸径达500cm。幼年及壮年树冠圆锥形，老树广卵形。

树皮：灰褐色，深纵裂，粗糙。

枝条：大枝近轮生，雌株的大枝常较雄株的开展。枝分长枝及短枝，短枝呈距状，密具半圆形叶痕。一年生枝条淡黄褐色，二年生以上枝条变灰色，并有细纵裂纹。

叶：扇形，边缘浅波状，萌枝及幼树之叶的中央2裂，基部楔形，叉状脉；叶柄长5~8cm。在长枝上螺旋状散生，在短枝上簇生。

球花：球花簇生于短枝顶部叶腋，与叶同放。雄球花柔荑花序状，具多数雄蕊，每雄蕊具2花药；雌球花具长梗，梗端分两叉，叉顶具盘状珠座，其上各着生1枚直立胚珠，通常仅1枚发育成种子。

种子：种子核果状，椭圆形、倒卵形或近球形，长2.5~3.5cm；具3层种皮，外种皮肉质，桔黄色，被白粉，有臭味，中种皮骨质，白色，内种皮膜质，红褐色。

花果期：花期3~4月；种子成熟期9~10月。

分布：原产中国，湖北兴山等地有原生态的林木，现全国大部分地区栽培，以江苏，安徽、浙江为栽培中心。种子入药，可食；叶形奇特，秋色鲜黄，常栽为庭园和"四旁"绿化树。

树皮

短枝

快速识别要点

落叶乔木，长短枝明显。叶扇形，多簇生在短枝上。雌雄异株，雄球花柔荑花序状；雌球花具长梗，顶端具2珠座。种子核果状，桔黄色，被白粉。

叶形

雄球花

雌球花

种子

雄球花枝，示在短枝上簇生

雌球花枝，示在短枝上簇生

种子结构

去内外种皮

015

华北落叶松 *Larix principis-rupprechtii* Mayr 松科 Pinaceae

树形

树皮

树形和习性：落叶乔木，高达 30m，胸径达 100cm；树冠卵状圆锥形。

树皮：树皮暗灰褐色，不规则片状开裂。

枝条：一年生枝径 1.5~2.5mm，淡褐色至淡褐黄色，幼时微有毛，后渐脱落，有光泽；冬芽近球形。

叶：条形，扁平，柔软，长 2~3cm，宽约 1mm。在长枝上螺旋状互生，在短枝上簇生。

球花：单性，雌雄同株，雌、雄球花均单生于短枝顶端。

球果：长卵圆形，长 2~4cm，径约 2cm；熟时淡褐色，有光泽，种鳞 26~45 枚，中部种鳞五角状。

种子：长 3~4mm，连翅长 1~1.2cm。

花果期：花期 4~5 月；球果成熟期 9~10 月。

分布：中国特有种，分布于华北各高山地区。东北、西北和华中高山地区有引种。

　　华北落叶松 *Larix principis-rupprechtii* Mayr 在 *Flora of China* 中，被列为落叶松 *L. gmelinii* 的变种。

短枝，示叶簇生

雄球花

未成熟球果

成熟球果

快速识别要点

　　落叶乔木。具长短枝，一年生小枝淡黄褐色。叶条形，柔软，在长枝上螺旋状互生，在短枝上簇生。球果长卵圆形，种鳞 26~45 枚，革质，扁平。

相近树种识别要点检索

1. 球果卵圆形或长卵圆形，成熟时黄褐色，苞鳞较种鳞短，不露出。
　2. 种鳞上部边缘不反曲或微反曲；一年生枝色浅，黄褐色，无白粉。
　　3. 一年生枝较细，径约 1mm；球果种鳞 16~25 枚·····································落叶松 *L. gmelinii*
　　3. 一年生枝较粗，径 1.5~2.5mm；球果种鳞 26~45 枚·····················**华北落叶松 *L. principis-rupprechtii***
　2. 种鳞上部边缘显著向外反曲；一年生枝红褐色，被白粉·····································日本落叶松 *L. kaempferi*
1. 球果圆柱形，成熟时紫褐色，苞鳞较种鳞长，直伸，顶端渐尖。小枝红褐色至淡紫褐色，下垂·····························
　　·····································红杉 *L. potaninii*

日本落叶松 *Larix kaempferi*（Lamb.）Carr. 松科 Pinaceae

雌球花

球果枝

球果

落叶松 *Larix gmelinii* (Rupr.) Kuzen. 松科 Pinaceae

树形

树形和习性：落叶乔木，高达 30m，胸径 90cm；树冠卵状圆锥形。
树皮：灰褐色，鳞片状开裂，树皮剥落后可呈紫红色。
枝条：一年生小枝纤细，常下垂，径约 1mm，淡黄褐色，无毛或散生毛；冬芽近圆球形，芽鳞暗褐色，边缘具睫毛。
叶：条形，长 1.5~3cm，宽不足 1mm，扁平，柔软，在长枝上螺旋状互生，在短枝上簇生。
球花：单性，雌雄同株，雌、雄球花均单生于短枝顶；雌球花苞鳞明显，褐色。
球果：卵圆形，较小，长 1.5~2.5cm，径 1~2cm；种鳞 16~25 枚，革质，宿存，成熟时张开，中部种鳞五角状，顶端截形或微凹，淡黄褐色，无毛。苞鳞短于种鳞。
种子：形小，斜倒三角形，连翅长约 1cm。
花果期：花期 5~6 月；球果成熟期 9~10 月。
分布：产东北大、小兴安岭及内蒙古东部。极喜光，对土壤适应性强，是东北及内蒙古地区重要的更新和造林树种。人工林遍及东北和华北地区。

树皮

枝叶，示叶着生方式

球果枝

快速识别要点

落叶乔木；树冠卵状圆锥形。一年生小枝纤细，淡黄褐色。叶条形，柔软，在长枝上螺旋状互生，在短枝上簇生。球果卵圆形，小，种鳞 16~25 枚。

成熟球果   种子

雌球花枝

红杉 *Larix potaninii* Batalin 松科 Pinaceae

球果，苞鳞伸出种鳞

秋叶变黄

雪松 *Cedrus deodara* (Roxb.) G. Don. 松科 Pinaceae

叶互生 具短枝，叶在短枝簇生或束生

树形

树皮

针叶着生方式

树形和习性：常绿乔木，高 50m，胸径 3m；树冠尖塔形。
树皮：深灰色，不规则鳞片状剥裂。
枝条：具长枝与短枝。大枝不规则轮生，平展，小枝微下垂，灰褐色。
叶：三棱针形，长 2.5~5cm，白色气孔带显著，在长枝上螺旋状散生，在短枝上簇生。
球花：雌、雄球花分别单生于短枝顶端，直立。雄球花长圆柱形，在华北常秋季成熟。
球果：直立，卵形或宽椭圆形，长 7~12cm，径 5~9cm；种鳞木质，扇状三角形，熟时与苞鳞及种子一起脱落，背部密被褐色绒毛。
种子：三角形，连翅长约 2.2~3.7cm。
花果期：花期 10~11 月；球果翌年 10 月成熟。
分布：原产喜马拉雅山西部，中国北自旅顺、北京、陕西，南至长江流域各地及西南各地普遍栽培，为世界有名的庭园观赏树种。

雌球花

未成熟球果

成熟球果

快速识别要点

　　常绿乔木，树冠尖塔形。枝具长、短枝。叶三棱针形，在长枝上螺旋状散生，在短枝上簇生。球果宽椭圆形，直立，成熟时种鳞脱落，种鳞伞状，背部密被绒毛。

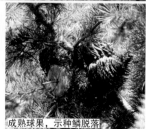

成熟球果，示种鳞脱落

种鳞及具宽翅种子

红松

红松 *Pinus koraiensis* Sieb. et Zucc. 松科 Pinaceae

叶互生 具短枝 叶在短枝族生或束生

树形

树形和习性: 常绿乔木,高达45m,胸径150cm;树冠圆锥形。
树皮: 红褐色或灰褐色,不规则鳞片状开裂。
枝条: 一年生小枝密被红褐色柔毛;冬芽淡红褐色,长圆状卵圆形。
叶: 针形,5针一束,长6~12cm,墨绿色,白色气孔带显著,叶鞘早落。
球花: 单性,雌雄同株;雄球花多数,生于当年生枝基部,雌球花生于当年生枝近顶端。
球果: 较大,卵状圆锥形,长9~14cm,径6~10cm,成熟时种鳞不张开,木质,先端向外反卷,鳞脐顶生。
种子: 三角状倒卵形,长12~18cm,无翅。
花果期: 花期5~6月;球果成熟期翌年9~10月。
分布: 产东北小兴安岭和长白山林区,南达辽宁宽甸。为产区优良用材和重要造林树种。

树皮

针叶

球果枝

小枝被褐色毛

雄球花枝

球果

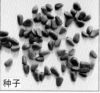
种子

快速识别要点

常绿乔木;树皮不规则鳞片状开裂。小枝密被红褐色柔毛。叶5针一束,叶鞘早落。球果大,种鳞成熟时不张开,先端反卷,鳞脐顶生,无刺。种子无翅。

相近树种识别要点检索

1. 叶鞘早落;针叶3~5针一束,叶内有1条维管束。
  2. 叶3针一束;球果卵圆形,种鳞鳞脐背生,有刺,树皮灰白色,鳞片状剥落……………………**白皮松 P. bungeana**
  2. 叶5针一束;球果卵状圆锥形,较大,种鳞鳞脐顶生,无刺,树皮灰白色或灰褐色。
    3. 球果成熟时种鳞不张开,先端反曲,种子不脱落;小枝密被黄褐色或红褐色绒毛;树皮鳞片状开裂。
      4. 针叶细短,叶缘锯齿不明显,树脂道2,边生;球果较小,种鳞微反曲,灌木状……偃松 **P. pumila**
      4. 针叶粗长,叶缘锯齿明显,树脂道3,中生;球果较大,种鳞上端渐窄,明显向外反曲,乔木。
      ……**红松 P. koraiensis**
    3. 球果成熟时种鳞张开,先端不反曲,种子脱落;小枝绿或灰绿色,无毛;树皮常光滑…………**华山松 P. armandii**
1. 叶鞘宿存;针叶2针一束,叶内有2条维管束;鳞脐背生。
  5. 一年生枝无白粉;树皮灰褐色或红褐色。
    6. 叶长,10cm以上,不扭曲。
      7. 种鳞鳞脐有刺;针叶粗硬,长10~15cm,宽1~1.5mm……………………………油松 **P. tabuliformis**
      7. 种鳞鳞脐凹下,无刺;针叶细长,12~20cm,宽不及1mm………………………马尾松 **P. massoniana**
    6. 叶短,长4~8cm,常扭曲,鳞盾肥厚隆起,向后反曲;树干上部橘黄色…………樟子松 **P. sylvestris var. mongolica**
  5. 一年生枝微被白粉;树皮橘红色………………………………………………………………………赤松 **P. densiflora**

华山松 *Pinus armandii* Franch. 松科 Pinaceae

树形

树皮

针叶

雄球花

雌球花

未成熟球果

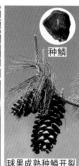
种鳞

球果成熟种鳞开裂

白皮松 *Pinus bungeana* Zucc. et Endl. 松科 Pinaceae

树形

树形和习性：常绿乔木，高达 30m，胸径 130cm；树冠阔卵形或近圆形。
树皮：幼树树皮灰绿色，光滑；成年树皮灰白色并呈不规则鳞片状剥落。
枝条：大枝轮生，平展；一年生小枝灰绿色，无毛。
叶：针叶，3 针一束，粗硬，长 5~10cm，叶鞘早落。
球花：雄球花多数，生于当年生枝基部，雌球花淡绿色，单生于当年生枝顶端。
球果：卵圆形，长 5~7cm，径 4~6cm；鳞盾近菱形，横脊明显，鳞脐背生，顶端有刺。
种子：倒卵形，顶端具短翅，翅易脱落。
花果期：花期 4~5 月；球果成熟翌年 9~10 月。
分布：中国北方特有种。产山西、河南西部、陕西南部、甘肃南部、四川北部和湖北西部。辽宁南部至长江流域广为栽培。树型优美，树皮奇特，为优良观赏树种，对有害气体有较强的抗性。

快速识别要点

常绿乔木；老树树皮灰白色，鳞片状剥落。叶 3 针一束，叶鞘早落。球果卵圆形，鳞脐背生，顶端有刺；种子顶端具短翅。

树皮

当年生枝条

针叶

雌球花

雄球花

球果

偃松 *Pinus pumila* (Pall.) Regel 松科 Pinaceae

生境

枝条及针叶

球果

球果枝

生境

油松 *Pinus tabuliformis* Carr. 松科 Pinaceae

树形

树皮

针叶

叶鞘宿存

树形和习性：常绿乔木，高达25m，胸径1m以上。幼树树冠圆锥形，孤立木老树树冠平顶。

树皮：灰褐色，鳞块状开裂。

枝条：一年生枝淡红褐色至淡灰黄色，无毛；冬芽褐色。

叶：针叶，2针一束，粗硬，长10~15cm，叶鞘宿存；树脂道5~8，边生。

球花：单性，雌雄同株。雄球花多数，生于当年生枝基部，雌球花常单生于当年生枝顶端，深红色。

球果：卵圆形，长4~9cm；种鳞肥厚，鳞脐背生，呈刺状。

种子：卵圆形，连翅长1.5~1.8cm。

花果期：花期4~5月；球果成熟期翌年9~10月。

分布：中国特有种，北至吉林南部，以河北、山西和陕西为分布中心。常构成大面积纯林，或与壳斗科植物构成松栎混交林，亦为华北地区重要的园林绿化树种。

快速识别要点

　　常绿乔木；老树树冠平顶；树皮鳞片状开裂。叶针形，2针一束，叶鞘宿存。球果翌年成熟，种鳞肥厚，鳞脐背生，刺状。

雌球花和雄球花

雌球花

当年生球果

二年生球果

开裂球果

种子

赤松 *Pinus densiflora* Sieb. et Zucc. 松科 Pinaceae

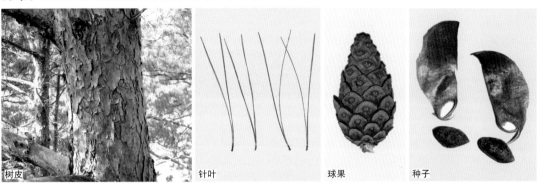

树皮　　　　　　针叶　　　　　球果　　　　　种子

马尾松 *Pinus massoniana* Lamb. 松科 Pinaceae

树形　　　树皮　　　枝叶　　　幼球果　　　成熟球果

樟子松 *Pinus sylvestris* L. var. *mongolica* Litv. 松科 Pinaceae

树形　　　树皮　　　枝叶　　　针叶　　　球果

水杉 *Metasequoia glyptostroboides* Hu et Cheng　杉科　Taxodiaceae

叶对生或轮生

树形

树形和习性: 落叶乔木, 高达 40m, 胸径达 2.3m。幼树树冠尖塔形, 老树广圆形。

树皮: 树干端直, 基部常膨大; 树皮灰色或灰褐色, 幼树裂成薄片脱落, 大树裂成长条状脱落, 内皮淡紫褐色。

枝条: 大枝斜展, 小枝下垂, 对生, 淡褐灰色, 无毛; 小枝分为有芽小枝和无芽小枝, 无芽小枝冬季与叶同落; 有芽的小枝宿存, 继续生长, 冬芽卵球形, 与枝条垂直。

叶: 叶条形, 柔软, 几无柄, 长 1~1.7cm, 宽 1~2mm, 交叉对生, 基部扭转成羽状 2 列, 冬季随无芽小枝一起脱落。

球花: 雄球花于秋季形成, 单生于叶腋或枝顶, 或多数成总状或圆锥花序状, 每雄蕊具 3 个花药; 雌球花单生于去年生枝顶或近枝顶, 有 11~14 对交互对生的珠鳞, 每珠鳞具 5~9 胚珠。

球果: 球果矩圆状球形, 球果长 1.8~2.5cm, 直径 1.6~2.3cm, 熟时深褐色, 种鳞交互对生, 木质, 盾形。

种子: 倒卵形, 两侧有翅。

花果期: 花期 2~4 月; 球果 10~11 月成熟。

分布: 水杉为中国特产古老而珍贵稀有的树种, 自然分布于湖北利川水杉坝磨刀溪、四川石柱以及湖南龙山县等地。现辽宁南部以南均有栽培, 为重要的道路绿化和庭园观赏树种。

枝叶

树皮

脱落性小枝(左)和有芽小枝(右)

球果　　　雄球花

快速识别要点

　　落叶乔木, 幼树树冠尖塔形。叶对生, 柔软条形, 基部扭转成羽状 2 列, 冬季随无芽小枝一起脱落。球果矩圆状球形, 具长柄, 种鳞交互对生, 木质, 盾形。

相近树种识别要点检索

1. 小枝、叶及种鳞均为交叉对生; 种鳞交互对生, 成熟时不脱落……………**水杉 *Metasequoia glyptostroboides***

1. 小枝、叶及种鳞均为螺旋状互生; 种鳞互生, 成熟时脱落……………**落羽杉 *Taxodium distichum***(见第 12 页)

侧柏 *Platycladus orientalis* (L.) Franco 柏科 Cupressaceae

树形

树皮

树形和习性：常绿乔木，高达 20m，胸径达 1m；幼树树冠尖塔形，老树广圆形。

树皮：淡灰褐色，条状纵裂。

枝条：生鳞叶小枝扁平，排成一个平面。

叶：鳞形，交互对生，长 1~3mm，先端微钝，中间鳞叶背面有条状腺槽。侧生叶舟形，背部具腺点。

球花：单性，雌雄同株。球花单生枝顶；雄球花椭圆形，具雄蕊 6 对，各具 2~4 花药；雌球花具珠鳞 4 对，仅中间的 2 对珠鳞发育，各生 1~2 胚珠。

球果：当年成熟，近卵圆形，长 1.5~2.5cm，成熟前近肉质，蓝绿色，成熟时褐色，张开；种鳞木质，扁平，背部顶端的下方有一弯曲的钩状尖头，中部 2 对种鳞各具种子 1~2 枚。

种子：长卵形，长 3~4mm，稍有棱脊，无翅。

花果期：球花形成于夏末初秋，于翌年 3~4 月开花；球果 9~10 月成熟。

分布：产内蒙古南部，东北地区以南，经华北向南达广东、广西的北部，西部自陕西、甘肃以南至西南；栽培几遍全国。黄土高原、石质山区造林树种。

枝叶

雌球花枝

雌球花

雄球花枝

快速识别要点

常绿乔木；小枝侧扁，连叶小枝排成一个平面。叶鳞形，先端微钝，背面有腺点。球果近卵圆形，种鳞木质，成熟时张开，背部顶端有钩状尖头。

球果

幼球果

成熟球果

柏木 *Cupressus funebris* Endl. 柏科 Cupressaceae

树形

树形和习性：常绿乔木，高达 35m，胸径 2m；幼树树冠尖塔形，老树树冠广圆形。

树皮：树皮淡灰褐色，长条状剥裂。

枝条：生鳞叶小枝扁平，细长下垂，排成一个平面。

叶：鳞形叶交互对生，长 1~2mm，两面同型，先端锐尖。

球花：雌雄同株，球花单生枝顶；雄球花椭圆形或卵圆形，具数对交互对生的雄蕊；雌球花球形，具 4 对珠鳞。

球果：近球形，径 0.8~1.2cm；种鳞 4 对，镊合状排列，成熟时开裂，顶部为不规则的五角形或近方形，发育种鳞具 5~6 种子。种子近圆形，长约 2.5mm，淡褐色。

花果期：花期 3~5 月，球果翌年 5~6 月成熟。

分布：天然分布广，产于秦岭北坡以南，向南至广东、广西北部，西至四川、贵州、云南。四川（称为川柏）、贵州、湖南、湖北为中心产区，常为生态公益、水土保持和石灰岩地区绿化的造林树种。木材有香气，耐腐朽，是优良的用材树种。

带叶小枝

雌球花

球果

快速识别要点

乔木；树皮长条状剥裂。鳞叶小枝扁平，细长下垂，排成一个平面。生鳞形叶对生。球果近球形，种鳞镊合状排列，成熟时开裂。

圆柏 *Juniperus chinensis* L. 柏科 Cupressaceae

叶对生或轮生

树形

树皮

鳞形叶和刺形叶同株

树形和习性：常绿乔木，高达 20m，胸径 2.5m，中幼龄树冠尖塔形，老树广圆形。

树皮：树皮灰褐色，纵裂成窄长条片。

枝条：鳞叶小枝近圆柱形或方形。

叶：二型，鳞形和刺形。幼树和萌发枝多刺形叶，长6~12mm，3 枚轮生，腹面微凹，具顶端相连的 2 条白色气孔带；壮龄树多具鳞形叶，交互对生，长 2.5~5mm，先端钝尖，背面近中部有微凹的腺体。

球花：单性，雌雄异株，均生于枝顶。雄球花黄绿色，椭球形，具 5~7 对雄蕊；雌球花具 3 对红褐色珠鳞。

球果：球果 2~3 年成熟，熟时蓝黑色，径 6~8mm，肉质，近球形，被白粉，种鳞交汇处颜色较浅。具种子 2~3 粒。

花果期：花期 3~4 月；球果翌年 4~9 月成熟。

分布：产内蒙古南部、河北、山西、山东、陕西、河南，南至广东、广西，西至甘肃、四川、云南。多为栽培，但不宜在苹果和梨园附近种植。

北方常见圆柏的栽培品种龙柏 *J. chinensis* 'Kaizuca'，老枝向上扭转伸展，小枝密集，仅具鳞形叶，是非常美丽的观赏树种。

雄球花枝　　雌球花枝　　未成熟球果

快速识别要点

常绿乔木；树冠尖塔形。叶二型：刺形和鳞形；鳞形叶交互对生，刺形叶 3 枚轮生，基部下延，腹面具两条白色气孔带。球果成熟时蓝黑色，肉质，近球形，被白粉。

球果

杜松 *Juniperus rigida* Sieb. et Zucc. 柏科 Cupressaceae

树形

树形和习性：常绿乔木，高达 15m，胸径 0.5m；树冠塔形或圆柱形。
树皮：褐色，长条状剥裂。
枝条：小枝下垂，幼枝近三棱形，无毛。
叶：刺形，3 枚轮生，长 12~20mm，先端锐尖；腹面下凹成深槽，内有 1 条白色气孔带，叶背面具明显的纵脊，叶基部不下延，膨大成肉质关节。
球花：雌雄异株，球花单生于叶腋；雄球花具 5 对雄蕊，雌球花具 3 对珠鳞，胚珠 3 枚。
球果：球果近球形，径 6~8mm，熟时肉质，蓝黑色，常被白粉，从顶端可明显分辨出球果由 3 个种鳞组成。
种子：近卵圆形，长 5~6mm。
花果期：球花于夏末发育，翌年春开花；球果 2~3 年成熟，每年的成熟 9~10 月。
分布：产于东北、华北各地，西至陕西、甘肃、宁夏；耐干旱寒冷气候及干燥山地。

该种常和圆柏混淆，主要区别在于杜松仅具刺形叶，刺形叶较长，与枝条几乎呈直角，基部具关节；叶片中间凹槽处有 1 条气孔带。（圆柏特征见第 26 页）

叶对生或轮生

雄球花

球果枝

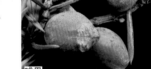

球果

快速识别要点

常绿乔木，树冠塔形或圆柱形。叶刺形，3 叶轮生，基部具关节，腹面下凹成深槽，内有 1 条白色气孔带。球果成熟时肉质，蓝色，从顶端可明显分辨出球果由 3 个种鳞组成。

相近树种识别要点检索

1. 全为刺形叶，3 叶轮生，刺形叶叶基稍彭大成关节而不下延。
  2. 刺形叶坚硬，腹面凹下成深槽，内具一白色气孔带，叶横切面成 V 形。球果成熟时蓝黑色，有白粉··**杜松 *J. rigida***
  2. 刺形叶柔软，横切面新月形，腹面具绿色中脉，两侧为白色气孔带。球果成熟时红褐色至淡红色··**刺柏 *J. formosana***
1. 叶异型：刺形和鳞形。刺形叶交互对生或轮生，鳞形叶交互对生，向鳞形叶过度的刺形叶常交互对生，刺形叶叶基下延。全为刺形叶常见于幼树和修建的绿篱··**圆柏 *J. chinensis***

刺柏 *Juiperus formosana* Hayata 柏科 Cupressaceae

树形

叶

雄球花枝

球果

木贼麻黄 *Ephedra equisetina* Bunge 麻黄科 Ephedraceae

叶对生或轮生

植株

株形和习性：直立小灌木，高可达 1m，多分枝。
枝条：木质茎粗长，基径 1~1.5cm；小枝对生或轮生，径约 1mm，节间长 1~3.5cm，常被白粉。
叶：叶对生，退化成膜质，褐色，长 1.5~2mm，下部 3/4 合生，2 裂，裂齿短三角形，先端钝。
球花：雄球花无梗或具短梗，单生或 3~4 簇生节部，苞片 3~4 对；雌球花常对生于节部，苞片 3 对，珠被管长达 2mm，稍弯曲。
球果：成熟时苞片肉质、红色呈浆状；内含 1 粒种子。
花果期：花期 6~7 月；种子成熟期 8~9 月。
分布：产内蒙古、河北、山西、陕西、甘肃、新疆等地；俄罗斯的西伯利亚、蒙古有分布。

木质茎

枝及退化叶

球花

快速识别要点

直立小灌木，多分枝；小枝绿色，圆筒形，具明显的节。叶对生，退化成膜质，2 裂。雌球花熟时苞片肥厚肉质、红色呈浆果状，内含 1 枚种子。

球果

相近树种识别要点检索

1. 叶多 2 裂，稀 3 裂。球花的苞片厚膜质，绿色，有无色膜质窄边；雌球花成熟时苞片为红色、肥厚肉质，呈浆果状。
  2. 植株通常较高大；灌木或草本状灌木。
    3. 具明显直立木质茎的灌木；节间短，1~3.5cm；浆果状球果内仅具 1 枚种子⋯⋯⋯⋯⋯**木贼麻黄 *E. equisetina***
    3. 无直立木质茎呈草本状；节间长，3~4cm；浆果状球果内仅具 2 枚种子⋯⋯⋯⋯⋯**草麻黄 *E. sinica***
  2. 植株矮小，铺散地面或近垫状。花雌雄异株。小枝细弱，开展，纵槽纹不甚明显。雄球花生于小枝上下各部，有苞片 3~4 对；浆果状球果内具 1 枚种子，种子三角状卵圆形或矩圆状卵圆形，较苞片为长，外露⋯⋯⋯⋯⋯⋯⋯⋯⋯⋯⋯⋯⋯⋯⋯⋯⋯⋯⋯⋯⋯⋯⋯⋯⋯⋯⋯**单子麻黄 *E. monosperma***
1. 叶多 3 裂，少为 2 裂。球花的苞片膜质，淡黄棕色，中央有绿色纵肋；雌球花成熟时苞片增大干燥成无色半透明的薄膜质⋯⋯⋯⋯⋯⋯⋯⋯⋯⋯⋯⋯⋯⋯⋯⋯⋯⋯⋯⋯⋯⋯⋯⋯⋯⋯**膜果麻黄 *E. przewalskii***

草麻黄 *Ephedra sinica* Stapf 麻黄科 Ephedraceae

植株

枝及退化叶

雄球花

雌球花

未成熟球果

种子

膜果麻黄 *Ephedra przewalskii* Stapf 麻黄科 Ephedraceae

叶对生或轮生

植株

枝条

枝

成熟的种子及膜质苞片

具球果枝

单子麻黄 *Ephedra monosperma* Gmel. ex Mey. 麻黄科 Ephedraceae

植株

球果枝

种子包被于肉质红色苞片内

种子

水杉（模式标本树）

被子植物

蜡梅 *Chimonanthus praecox* (L.) Link 蜡梅科 Calycanthaceae

单叶→叶对生 叶全缘

树形

树形和习性：落叶灌木，高达6m。
树皮：树皮灰白色或灰褐色。
枝条：幼枝近方柱形，老枝圆柱形，灰褐色，无毛或疏被毛，具疣状皮孔。
叶：叶对生，近革质，卵状披针形至卵状椭圆形，长7~15cm，先端急尖至渐尖，基部圆形或楔形，全缘，表面明亮，具粗糙刚毛。
花：花两性，单生腋生，先于叶前开放；花被多轮，蜡质，黄色，中轮有紫色条纹，有浓香；心皮多数，离生，生于坛状花托内。
果实：果托椭圆形，口部收缩成坛状，长2~4cm；瘦果小，长椭圆形，紫褐色，有光泽。
花果期：华北地区花期2月中下旬至3月上旬；果期8月。
分布：产我国华东、华中及西南地区。现京津地区及华北南部广泛栽培，是中国著名的冬季观花树种。

叶片正背面

花枝

花

果实

果托及瘦果

快速识别要点

落叶灌木；枝条上密生皮孔。单叶对生，卵状披针形至卵状椭圆形，全缘，叶表明亮，有粗糙硬毛。花两性，单生腋生，花被片蜡质，黄色，有香气。聚合瘦果，生于椭圆形花托内。

石榴 *Punica granatum* L. 石榴科 Punicaceae

树形

树形和习性：落叶灌木或乔木，高2~7m。
树皮：灰黄色，片状剥落。
枝条：枝顶具尖锐长刺；幼枝四棱形，平滑，老枝圆柱形。
叶：叶对生，倒卵形或矩圆状披针形，长2~9cm，宽1~3cm，先端短尖、钝尖或微凹，基部尖或稍钝，表面光亮，有短柄。
花：花萼钟状，红色或淡黄色，质厚，先端5~8裂；花瓣与萼片同数，有时成重瓣，多皱褶，红色、黄色、白色；子房下位，多室，胚珠多数。
果实：浆果球形，顶端有宿存花萼裂片；果皮厚，革质，内含多个带肉质外种皮的种子。
花果期：花期5~7月；果期9~10月。
分布：原产巴尔干半岛至伊朗、巴基斯坦及其邻近地区，中国各地都有栽培，并培育出一些较优质的品种。

树皮

枝条

叶片正背面

花

果实
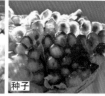
种子

快速识别要点

老树树皮常片状剥落；具枝刺。叶对生，倒卵形或矩圆状披针形，光亮。花萼钟状，质厚，先端5~8裂；花瓣与萼片同数，水红色，单瓣或重瓣。浆果近球形，种子多数，外被肉质种皮。

红瑞木 *Swida alba* Opiz　山茱萸科 Cornaceae

植株

树形和习性：落叶灌木，高达 3m；分枝多。

枝条：小枝血红色，无毛，常被白粉，幼枝有淡白色短柔毛，散生灰白色圆形皮孔及略为突起的环形叶痕。

叶：叶对生，纸质，椭圆形，长 3~8.5cm，宽 2.5~5.5cm，先端突尖，基部楔形或阔楔形，边缘全缘或波状反卷，上面暗绿色，有极少的白色平贴短柔毛，下面粉绿色，被白色贴生短柔毛，侧脉弧形，常 5~6 对。

花：伞房状聚伞花序顶生；花小，白色或淡黄白色，萼坛状，齿三角形，花瓣卵状舌形，雄蕊 4，花盘垫状，子房近倒卵形，疏被贴伏的短柔毛。

果实：核果长圆形，微扁，长约 8mm，直径 5.5~6mm，成熟时乳白色或蓝白色。

花果期：花期 5~7 月；果实成熟期 8~10 月。

分布：产东北、华北、江苏、江西、陕西、甘肃及青海，生于海拔 600~1700m 的山地溪边、阔叶林及针阔混交林中。

小枝

叶片正背面

花序

单叶→叶对生　叶全缘

快速识别要点

　　多分枝灌木；小枝血红色，无毛，常被白粉。叶对生，全缘，侧脉弧形。伞房状聚伞花序顶生；花小，4 基数，白色。核果成熟时乳白色，长圆形。

花

果实

相近树种识别要点检索

1. 乔木；叶片侧脉常为 4 对；花柱棍棒状而非圆柱状·······························毛梾 *S. walteri*
1. 灌木；叶片侧脉常为 5~6 对；花柱圆柱状而非棍棒状。
　2. 核果乳白色或浅蓝白色；小枝血红色·······························红瑞木 *S. alba*
　2. 核果黑色；小枝带黄绿色或微带红色·······························沙梾 *S. bretschneideri*

毛梾（车梁木）*Swida walteri* (Wanger.) Soják　山茱萸科 Cornaceae

树形

树形和习性：落叶乔木，高 6~15m；树冠阔卵形。

树皮：树皮厚，黑褐色，方块状开裂。

枝条：幼枝对生，绿色，略有棱角，密被贴生灰白色短柔毛，老后黄绿色，无毛。

叶：叶对生，纸质，椭圆形至长椭圆形，长 4~12cm，宽 2.7~4.4cm，顶端渐尖，基部楔形，表面有贴伏的柔毛，背面密被平伏柔毛，侧脉弧形，4~5 对；叶柄长 1~3.5cm。

花：顶生伞房状聚伞花序，花密，被灰白色短柔毛；花瓣 4，白色，有香气，披针形，雄蕊稍长于花瓣，花柱棍棒状与雄蕊等长。

果实：核果球形，黑色，径 6~7mm。

花果期：花期 6 月；果期 9~10 月。

分布：产辽宁、河北、山西南部以及华东、华中、华南、西南各省（区），生于海拔 300~1800m。

树皮

叶片正背面

花序

花

果枝

快速识别要点

　　落叶乔木；树皮方块状开裂。枝叶对生，叶椭圆形至长椭圆形，侧脉弧形，4~5 对，两面被平伏柔毛。顶生伞房状聚伞花序，花瓣白色。核果球形，黑色。

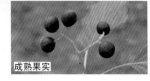
成熟果实

沙梾 *Swida bretschneideri* (L. Henry) Soják 山茱萸科 Cornaceae

单叶↓叶对生

叶全缘

植株

叶片正背面

树干

果序

山茱萸 *Cornus officinalis* Sieb. et Zucc. 山茱萸科 Cornaceae

树形

树形和习性：落叶乔木或灌木，高达 10m。
树皮：树皮黄褐色，片状剥落。
枝条：小枝细圆柱形，无毛或稀被贴生短柔毛。冬芽卵形至披针形，被黄褐色短柔毛。
叶：叶对生，纸质，卵状椭圆形，长 5~12cm，先端渐尖，基部宽楔形或稍圆形，全缘，上面绿色，无毛，下面浅绿色，稀被白色贴生短柔毛，脉腋密生淡褐色簇毛，侧脉弧形，6~8 对。
花：伞形花序生于枝侧，具花 15~35，总苞片 4，黄绿色，椭圆形；花小，两性，先叶开放，4 基数，花瓣舌状披针形，黄色，花盘垫状。
果实：核果椭圆形，长约 1.5cm，红色至紫红色。
花果期：花期 3~4 月；果期 8~10 月。
分布：产山西、山东、河南、陕西、甘肃、江苏、浙江、安徽、江西、湖南等省。

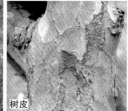

树皮

叶片背面

快速识别要点

　　树皮片状剥落。叶对生，全缘，侧脉 6~8 对，弧形，背部脉腋处密生褐色簇毛。伞形花序，总花梗有 4 枚黄绿色总苞片，花黄色。核果椭圆形，红色。

叶对生

花蕾

花序

果实

北桑寄生 *Loranthus tanakae* Franch. et Sav. 桑寄生科 Loranthaceae

植株

株形和习性: 落叶小灌木,丛生于寄主枝上。
树皮: 树皮灰色或深灰色,平滑。
枝条: 常二歧分枝,无明显节和节间;幼枝绿色至褐色,老枝深褐色至黑色,有蜡质层。
叶: 叶近对生,纸质,倒卵形至椭圆形,长2.5~5cm,宽1~2cm,顶端圆钝或微凹,基部楔形,边缘全缘。
花: 花两性或单性同株,穗状花序顶生,具5~8对近对生的花,无柄,基部有一很小的苞片,花蕾筒状。
果实: 浆果球形,半透明,橙黄色,径约6mm,表面光滑。
花果期: 花期4~5月;果期9~10月。
分布: 产内蒙古、河北、山西、陕西、甘肃、四川等地。多寄生在栎属 *Quercus*、桦木属 *Betula*、杨属 *Populus* 和榆属 *Ulmus* 植物上。

枝叶　　果枝
寄生在寄主树干　　果实

快速识别要点

　　落叶半寄生灌木,丛生寄主枝干上。幼枝绿色,老枝深褐色。叶近对生,倒卵形至椭圆形。穗状花序顶生。浆果球形,半透明,橙黄色。

単叶→叶对生
叶全缘

小叶黄杨 *Buxus sinica* (Rehd. et Wils.) Cheng ex M. Cheng 黄杨科 Buxaceae

树形

树形和习性: 常绿灌木或小乔木,高达7m。
枝条: 小枝四棱形,有短柔毛。
叶: 叶对生,倒卵形、倒卵状长椭圆形至宽椭圆形,长0.8~3cm,中部或中部以上最宽,先端圆或微缺,基部楔形,边缘全缘,革质,表面光亮;叶柄短或无。
花: 花小,黄绿色,簇生叶腋,其中中间一朵为雌花,其余为雄花;雄花萼片4裂;雌花萼片6,两轮,子房3室,花柱3。
果实: 蒴果球形,长6~8mm,顶端有3个角状宿存花柱,熟时沿室背3瓣裂。
花果期: 花期4月;果期7月。
分布: 产山东、河南、陕西、甘肃、江苏、浙江、安徽、江西、湖北、四川、贵州、广西、广东等地。常栽培作绿篱用。

叶片正背面　　雌花和雄花簇生　　雄花
花枝　　果实

快速识别要点

　　常绿灌木或小乔木。叶对生,倒卵形,革质。花小,黄绿色,数朵簇生叶腋,中间一朵为雌花,其余为雄花。蒴果球形,顶端有3个角状宿存花柱,形如倒置的香炉。

蒙古莸 *Caryopteris mongholica* Bunge 马鞭草科 Verbenaceae

植株

株形和习性：落叶灌木，高 0.3~1.5m；自基部多分枝。
枝条：小枝带紫褐色，幼时被灰色柔毛。
叶：叶条状披针形，长 1~6cm，宽 2~10mm，全缘，背面密生灰白色绒毛。
花：聚伞花序无苞片和小苞片；萼 5 深裂，裂片长约 1.5mm，花冠蓝紫色，5 裂，二唇形，下唇中裂片较大，边缘流苏状，雄蕊 4，2 强，伸出花冠外，子房不完全 4 室，无毛，每室 1 胚珠。
果实：蒴果椭圆状球形，无毛，成熟时 4 裂。
花果期：花期 7~8 月；果期 8~9 月。
分布：产内蒙古、山西、甘肃、青海、新疆等，蒙古亦有分布。

花

花序枝

快速识别要点

多分枝小灌木。叶对生，条状披针形，全缘，背面密生灰白色绒毛。聚伞花序腋生；花冠蓝紫色，二唇形，下唇中裂片边缘流苏状，2 强雄蕊。蒴果熟时裂成 4 个果瓣。

百里香 *Thymus mongolicus* (Ronn.) Ronn. 唇形科 Lamiaceae

灌丛

株形和习性：半灌木，茎匍匐或上升，多分枝，花枝高 2~10cm。
枝条：呈不明显四棱形，密被灰白色柔毛。
叶：单叶对生，椭圆形、卵形至矩圆状披针形，长 4~10mm，全缘；揉搓有芳香气味。
花：轮伞花序多数密集成头状；花冠二唇形，紫红色或粉红色，上唇直伸，下唇开展，3 裂；雄蕊 4，二强。
果实：4 小坚果球形或卵形，光滑。
花果期：花果期 7~9 月。
分布：产河北、山西、陕西、内蒙古及中国西北的丘陵山坡、河岸砾石地、固定沙地和沙质草原、亚高山草甸等。全草入药，为较好的芳香油植物。

枝叶 花

快速识别要点

低矮半灌木，茎匍匐或蔓生，多分枝。叶对生，全缘，揉搓有芳香气味。轮伞花序多数密集成头状；花冠二唇形，紫红色或粉红色，二强雄蕊。4 小坚果。

叶全缘
单叶→叶对生

雪柳 *Fontanesia fortunei* Carr. 木犀科 Oleaceae

树形

树形和习性：落叶灌木或小乔木，高 5~8m。
树皮：灰褐色或灰黄色，条状剥落。
枝条：小枝细长，淡黄色，四棱形，光滑；冬芽球状卵形，芽鳞 4~6。
叶：单叶对生，叶披针形、卵状披针形或长椭圆形，长 3~12cm，宽 1.0~2.5cm，先端渐尖，基部楔形，全缘，两面无毛；叶柄短，长 1~3mm。
花：圆锥花序生于枝条顶端或叶腋，长 2~6cm；花小，长约 3mm，花萼 4 裂，花冠 4 裂，仅基部合生，雄蕊 2，花丝较花瓣长。
果实：翅果扁平，倒卵形，长 8~9mm，宽 4~5mm。
花果期：花期 5~6 月；果期 8~9 月。
分布：分布于中国中部至东部；在华北地区多生长在海拔 800m 以下山沟、路旁及溪边。叶细如柳，晚春白花满树，犹如积雪，颇为美观，常丛植于庭院或做绿篱。

单叶→叶对生　叶全缘

树皮　枝叶

花枝　果实

快速识别要点

　　单叶对生，披针形，全缘，无毛。花小，白色，花冠 4 裂，有香味。翅果扁平倒卵形。

流苏树 *Chionanthus retusus* Lindl. et Paxt. 木犀科 Oleaceae

树形

树形和习性：落叶灌木或小乔木，高达 6m；树冠广圆形。
树皮：树皮灰褐色，皮常卷裂。
枝条：小枝灰褐色，枝皮常卷裂；幼枝淡黄色或褐色，被短柔毛。
叶：单叶对生，椭圆形、卵形至倒卵状椭圆形，长 3~12cm，先端圆、微凹或尖，基部宽楔形至楔形，全缘或具细锯齿，叶缘稍反卷，背面被黄色柔毛；叶柄基部带紫色。
花：圆锥花序侧生；单性雌雄异株或两性花；花乳白色，花萼 4 裂，花冠 4 深裂，裂片线状披针形，长 1.2~2cm，雄蕊 2，花丝短，子房 2 室。
果实：核果卵圆形，成熟时蓝黑色或黑色，被白粉，长 1~1.5cm。
花果期：花期 4~5 月；果期 8~10 月。
分布：产于河北、山东、河南、甘肃及陕西，南至云南、福建、广东、台湾等地。多生于海拔 1000m 以上的向阳山坡。嫩叶和芽焙制后可代茶用，故又称"茶叶树"；树形优美，花形奇特，是优良的观花树种。

树皮

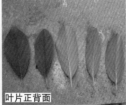

叶片正背面

花序

果实

快速识别要点

　　树皮和小枝皮常卷裂。单叶对生，近革质，全缘。花冠乳白色，4 深裂至近基部，裂片狭长，流苏状，常数倍于花冠筒。核果椭圆形，蓝黑色，被白粉。

暴马丁香 *Syringa amurensis* Rupr. 木犀科 Oleaceae

树形

树形和习性：乔木，高达 15m，胸径 30cm。

树皮：树皮紫灰褐色，浅纵裂，皮孔明显。

枝条：小枝灰褐色或紫褐色，光滑无毛，皮孔突出。

叶：对生，卵形或椭圆状卵形，光滑无毛，有光泽，长 5~12cm，宽 3~7cm，先端渐尖、突尖或钝，基部宽楔形或近圆形，叶面具明显皱褶。

花：圆锥花序大而疏散；花白色，4 裂，花冠筒短，雄蕊 2，长为花冠裂片的 2 倍。

果实：蒴果长椭圆形，光滑，先端常钝，成熟后2 裂。

花果期：花期 5~6 月；果期 8~10 月。

分布：分布于东北、华北和西北东部，生于海拔200~1600m 的山地阳坡、半阳坡和谷地杂木林中。花浓香，为优良观赏树种。

树干

枝叶

花序

花

快速识别要点

　　单叶对生，全缘，卵形或椭圆状卵形，叶面明显皱褶。圆锥花序大型；花白色，4 裂，花冠筒短，雄蕊 2，显著伸出花冠筒外。蒴果长圆形，2 裂。

果实

相近树种识别要点检索

1. 叶宽卵形至肾形或椭圆形；花冠筒远比花冠裂片长。

　　2. 叶宽卵形至肾形，通常宽大于长，光滑无毛，仅叶缘有睫毛，叶基心形；花序由侧芽生出，基部常无叶；花紫色；蒴果光滑，无瘤状突起 ·· **紫丁香 *S. oblata***

　　2. 叶椭圆形至长椭圆形，长大于宽，长可达 18cm，叶面明显褶皱，叶基楔形，叶背被白粉，灰白色，有柔毛；花序由顶芽生出，基部具 1 对叶；花淡粉红色，花冠筒近圆柱形 ·· **红丁香 *S. villosa***

1. 叶卵形。

　　3. 叶常无毛，花冠筒短，几乎与花冠裂片等长或稍长；花药伸出花冠筒外，花冠白色；蒴果常光滑。

　　　　4. 叶卵形至宽卵形，叶基圆形至近心形，叶脉在叶面明显凹陷；果实先端钝或具短尖头，雄蕊长约花冠裂片 2 倍 ·· **暴马丁香 *S. amurensis***

　　　　4. 叶卵形至卵状披针形，叶基楔形，叶脉在叶面平坦；果实先端锐尖或长渐尖，雄蕊与花冠裂片等长 ·· **北京丁香 *S. pekinensis***

　　3. 叶卵圆形、椭圆状卵形至菱状卵形，叶基楔形，叶缘有细睫毛，叶背沿脉有灰白色短柔毛。圆锥花序侧生。花淡紫色，花冠筒细长，裂片外展；蒴果有瘤状突起 ·· **毛叶丁香 *S. pubescens***

北京丁香 *Syringa pekinensis* Rupr. 木犀科 Oleaceae

叶正面

叶背面

花序

果实

叶全缘

单叶→叶对生

紫丁香 *Syringa oblata* Lindl. 木犀科 Oleaceae

灌丛

枝条

树形和习性：落叶灌木或小乔木，高达 5m。
树皮：树皮灰褐色或灰色。
枝条：灰褐色，粗壮，无毛。
叶：单叶对生，卵状心形或广卵圆形，宽 5~10cm，通常宽大于长，先端渐尖，基部楔形或截形，全缘，两面无毛。
花：圆锥花序由枝顶侧芽伸出，长 6~15cm；花萼钟状，花冠紫色，4 裂，花冠筒远比花冠裂片长，雄蕊 2，着生在花冠筒中部。
果实：蒴果长圆形，顶端尖，果皮平滑，成熟后 2 裂。
花果期：花期 4~5 月；果期 9 月。
分布：分布于黑龙江、吉林、辽宁、内蒙古、河北、山东、陕西、甘肃、四川等地。枝叶茂密，花美丽而芳香，花期较早，是中国北方常见观赏花木之一。

枝叶

花（解剖，示雄蕊冠生）

花序

果实

快速识别要点

单叶对生，全缘，卵状心形。圆锥花序由顶端侧芽生出；花冠紫色，4 裂，花冠筒远比花冠裂片长，雄蕊 2，内藏在花冠筒中部。蒴果长圆形，2 裂。

灌丛

叶片正背面

花序

幼果

红丁香 *Syringa villosa* Vahl 木犀科 Oleaceae

毛叶丁香 *Syringa pubescens* Turcz. 木犀科 Oleaceae

花序

叶片正背面

叶背沿脉具柔毛

单叶→叶对生
叶全缘

小叶女贞 *Ligustrum quihoui* Carr. 木犀科 Oleaceae

灌丛

单叶→叶对生
叶全缘

树形和习性: 落叶或半常绿灌木,高2~3m。
枝条: 铺散,小枝淡棕色,圆柱形,具短柔毛。
叶: 对生,椭圆形至倒卵状椭圆形,长1.5~5cm,宽0.8~2.5cm,无毛,先端锐尖、钝或微凹,基部楔形,叶缘略向外反卷。
花: 圆锥花序顶生,长5~15(21)cm;花近无梗,白色,芳香;萼片、花冠4裂,花冠裂片与花冠筒近等长,雄蕊2,伸出花冠外。
果实: 核果椭圆形或倒卵形,紫黑色,长6~9mm。
花果期: 花期6~9月;果期9~11月。
分布: 产于中国中部、东部和西南部,北方常作绿篱栽培,能抗多种有毒气体。

叶片正背面

花

快速识别要点

半常绿灌木;枝条铺散。单叶对生,全缘,近革质。圆锥花序顶生,花近无梗,花冠4裂,裂片与花冠筒近等长。核果浆果状,紫黑色。

花序

果序

相近树种识别要点检索

1. 灌木;叶片小,薄革质,长1.5~5cm···小叶女贞 *L. quihoui*
1. 乔木;叶片较大,革质,长6~12cm··女贞 *L. lucidum*

女贞 *Ligustrum lucidum* Ait. 木犀科 Oleaceae

植株

枝叶

花序

幼果

成熟果实

薄皮木 *Leptodermis oblonga* Bunge 茜草科 Rubiaceae

植株

树形和习性: 落叶灌木, 高80~100cm。
枝条: 小枝纤细, 灰色至淡褐色, 被微柔毛, 表皮薄, 常片状剥落。
叶: 对生, 椭圆形或矩圆状倒披针形, 长1~2(3)cm, 先端短尖, 基部渐狭, 边缘反卷。托叶下部分离, 上部合生, 尖刺状, 宿存。
花: 无梗, 2~10朵簇生于枝顶或叶腋内, 小苞片中部以上合生, 长于花萼; 花萼筒短, 5裂, 花冠长漏斗形, 5裂, 淡紫红色, 雄蕊5, 内藏, 子房下位, 柱头5裂。
果实: 蒴果椭圆形, 托以宿存的小苞片; 种子具膜质种皮。
花果期: 花期6~8月; 果期8~10月。
分布: 产河北、山西、陕西、河南、甘肃、江苏、湖北、四川等地。常生长在向阳山坡、岩石缝隙等地。

枝叶

花

果实

单叶↓叶对生 叶全缘

快速识别要点

小灌木。叶小, 单叶对生, 椭圆形或矩圆状倒披针形, 全缘, 柄间托叶宿存。花淡紫色, 数朵簇生, 无梗, 花冠长漏斗形, 5裂, 子房下位。蒴果。

香果树 *Emmenopterys henryi* Oliv. 茜草科 Rubiaceae

树形

树形和习性: 落叶大乔木, 高达30m, 胸径达1m。
树皮: 树皮灰褐色, 鳞片状。
枝条: 小枝有皮孔, 粗壮, 扩展。
叶: 单叶对生, 阔椭圆形、阔卵形或卵状椭圆形, 长6~30cm, 顶端短尖或骤然渐尖, 基部短尖或阔楔形, 全缘; 侧脉5~9对, 在下面凸起; 叶柄长2~8cm, 无毛或有柔毛; 托叶大, 三角状卵形, 早落。
花: 圆锥状聚伞花序顶生; 花芳香; 萼管裂片近圆形, 具缘毛, 脱落, 变态的叶状萼裂片白色, 匙状卵形或广椭圆形, 有纵平行脉数条, 具长1~3cm柄; 花冠漏斗形, 白色或黄色, 被黄白色绒毛, 裂片近圆形; 花丝被绒毛。
果实: 蒴果长圆状卵形或近纺锤形, 长3~5cm, 径1~1.5cm, 无毛或有短柔毛, 有纵细棱; 种子多数, 小而有阔翅。
花果期: 花期6~8月, 果期8~11月。
分布: 产于陕西、甘肃、江苏、安徽、浙江、江西、福建、河南、湖北、湖南、广西、四川、贵州、云南东北部至中部。

树干　幼枝示托叶
叶正面　叶背面
花

快速识别要点

落叶乔木; 树皮鳞片状; 小枝粗壮, 具4棱。叶对生, 阔椭圆形至阔卵形, 全缘; 托叶大, 三角状卵形, 早落。圆锥状聚伞花序顶生; 花芳香, 具白色叶状、匙状卵形的萼裂片, 有纵平行脉数条; 花冠漏斗形, 白色或黄色。蒴果长圆状卵形或近纺锤形, 有纵细棱。

毛泡桐 *Paulownia tomentosa* (Thunb.) Steud. 玄参科 Scrophulariaceae

树形

树皮

树形和习性: 落叶乔木,高达 20m;树冠宽大伞形。
树皮: 树皮褐灰色,浅纵裂。
枝条: 小枝粗壮,灰褐色,有明显皮孔,幼时常具腺毛。
叶: 宽卵形或卵形,长达 40cm,先端锐尖头,全缘或 3~5 浅裂,叶背面密被褐色具柄的树枝状毛和腺毛;叶柄常有腺毛。
花: 大型圆锥形花序;萼浅钟形,分裂至中部或裂过中部,花冠唇形,紫色,长 5~7.5cm,外面有腺毛,雄蕊 4,二强,子房有腺毛。
果实: 蒴果木质,卵圆形,幼时密生黏质腺毛,长 3~4.5cm,宿萼不反卷,果皮厚约 1mm;种子细小,连翅长约 2.5~4mm。
花果期: 花期 4~5 月;果期 8~9 月。
分布: 主产黄河流域,甘肃东南部庆阳和陕西北部有野生;北方各省普遍栽培。优良用材树种,亦常用于庭院绿化和林粮间作,是本属中最耐寒的一种。

叶片正背面

花

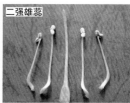

二强雄蕊

快速识别要点

落叶大乔木;小枝粗壮,髓心大。幼枝、叶背、花序、花具腺毛;单叶对生,叶大,宽卵形或卵形全缘或 3~5 浅裂,具长柄。大型圆锥形花序;花冠唇形,紫色,二强雄蕊。蒴果 2 裂,卵形。

果实及种子

楸叶泡桐 *Paulownia catalpifolia* T. Gong ex D. Y. Hong 玄参科 Scrophulariaceae

枝叶

叶片正背面

花序

果实椭圆形,叶片长卵状心形,长为宽的 2 倍。

白花泡桐 *Paulownia fortunei* (Seem.) Hemsl. 玄参科 Scrophulariaceae

树形

叶形

花

果实

果实长 6cm 以上,果皮厚而硬,花白色或淡紫色。

毛泡桐花

相近树种识别要点检索

1. 叶革质，叶表面被长毛，背面密被具长柄的树枝状毛；花序常为宽圆锥形，花蕾近圆形；花萼深裂达萼长的1/2以上；果卵形，果皮厚1mm ……………………………………………………………………………………毛泡桐 ***P. tomentosa***
1. 叶背面被星状毛或具极短柄的树枝状毛；不具长柄的树状毛；花序圆筒状或狭圆锥形，花蕾长倒卵形；花萼浅裂为萼长的1/3或1/4；果皮厚1.5~5mm，木质。
   2. 树冠外部的叶长卵状心形，长和宽之比约为2，叶片下垂，内部的叶卵状心形；果小，长3.5~4cm，径1.8~2.4cm；花冠小，花筒细，冠幅4~4.8cm……………………………………………………………**楸叶泡桐*P. catalpifolia***
   2. 叶长卵状心形，长和宽之比较大，表面无毛，背面疏被星状绒毛；果大，长6~10cm，径3~4cm；花冠大，冠幅7.5~8.5cm……………………………………………………………………………**白花泡桐 *P. fortunei***

金银忍冬（金银木）　*Lonicera maackii* (Rupr.) Maxim. 忍冬科 Caprifoliaceae

叶全缘
单叶↓叶对生

树形

树形和习性：落叶灌木，高达 5m。

树皮：灰褐色，纵裂。

枝条：小枝灰白或黄褐色，中空，幼时被柔毛；冬芽小，卵圆形。

叶：对生，卵状椭圆形至卵状披针形，长 3~8cm，叶缘有睫毛，两面被柔毛；叶柄长 3~5cm。

花：常成对并生于叶腋，简称"双花"，花的小苞片基部多少连合，总花梗比叶柄短；萼 5 裂，花冠二唇形，花约 2cm，裂片长为筒长 2 倍，白色，后变黄色，雄蕊 5，子房下位。

果实：浆果红色，球形，径 5~6mm，果梗极短，两个并生。

花果期：花期 5~6 月；果期 8~10 月。

分布：产东北、华北、西北，南至长江流域及西南地区。初夏白花满树，其后黄白相间，秋季红果累累，是优良的观花观果灌木。果实是城市鸟类重要的食源。

快速识别要点

　　直立灌木；小枝中空。单叶对生，卵状椭圆形至卵状披针形，全缘，叶缘有睫毛，两面被柔毛。花成对生于叶腋，总花梗短；花冠二唇形，先为白色后变黄色。浆果球形，红色。

树皮　　小枝中空

叶片正背面

花枝

花

果实

金花忍冬　*Lonicera chrysantha* Turcz. ex Ledeb. 忍冬科 Caprifoliaceae

灌丛

花

果实

忍冬（金银花） *Lonicera japonica* Thunb. 忍冬科 Caprifoliaceae

藤本

缠绕习性　花

花枝　果枝

单叶→叶对生
叶全缘

蓝靛果忍冬 *Lonicera caerulea* L. Turcz. ex Herd. 忍冬科 Caprifoliaceae

植株

树皮　叶

果实蓝黑色

相近树种识别要点检索

1. 落叶直立灌木；叶基楔形至宽楔形；花苞片小型；核果成熟后红色。
　　2. 叶卵状椭圆形至卵状披针形；总花梗长比叶柄短·································金银忍冬 *L. maackii*
　　2. 叶常为菱状卵形至卵状披针形。总花梗长 1.5~3cm，比叶柄长·················金花忍冬 *L. chrysantha*
1. 半常绿缠绕木质藤本；叶卵形至长圆状卵形，基部圆形至心形，幼时两面被柔毛，后上面无毛；花苞片叶状，心形；核果成熟后黑色。
　　3. 缠绕藤本，叶片卵形至长圆状卵形，基部圆形至心形·························忍冬 *L. japonica*
　　3. 直立藤本，叶片长椭圆形，基部楔形··································蓝靛果忍冬 *L. caerulea*

045

连香树 *Cercidiphyllum japonicum* Sieb. et Zucc. 连香树科 Cercidiphyllaceae

叶有锯齿/裂片
单叶↓叶对生

树形

树形和习性: 落叶大乔木,高达 25(~40)m,胸径 1m。

树皮: 老树树皮灰褐色,纵裂,呈薄片状剥落。

枝条: 假二叉分枝,有长枝和距状短枝,小枝褐色,无毛;无顶芽,侧芽卵圆形,先端尖,暗紫色。

叶: 叶对生,圆形至卵圆形,长 3~7.5cm,先端圆至钝尖,基部心形,钝圆腺齿,掌状脉 5~7 条,下面粉绿色;叶柄长 1~3cm。

花: 花单性,雌雄异株,每花具 1 苞片,无花被;雄花常 4 朵簇生,近无梗,花丝细长;雌花 4~6 朵簇生,单心皮。

果实: 蓇葖果圆柱形,稍弯曲,熟时呈暗紫褐色,微被白粉,花柱宿存。

花果期: 花期 4~5 月;果期 8~9 月。

分布: 产山西西南部、河南、陕西、甘肃、四川、贵州、浙江、安徽、江西、湖北西部等。为著名的古老孑遗树种。叶形奇特,北京等地区引种观赏。

树皮

叶片正背面

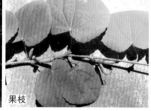
果枝

果实

快速识别要点

落叶乔木。叶对生,圆形至卵圆形,先端圆至钝尖,基部心形,掌状脉 5~7 条,下面粉绿色。花单性,雌雄异株,无花被,簇生叶腋。蓇葖果圆柱形,稍弯曲。

生境

树干

生境

雌花

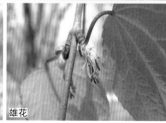
雄花

东陵绣球 *Hydrangea bretschneideri* Dipp. 虎耳草科 Saxifragaceae

植株

树形和习性: 落叶小乔木或灌木,高达 3m。
树皮: 灰褐色,常片状剥落。
枝条: 小枝较细,紫褐色,幼时有毛,具白色或黄褐色海绵质髓;有顶芽。
叶: 单叶对生,叶卵形、长卵形、椭圆形或倒卵状椭圆形,长 8~12cm,背面密生灰色卷曲柔毛,先端渐尖,具硬尖头的锯形小齿或粗齿,基部楔形;叶柄常带红色。
花: 两性,复伞房花序顶生,直径 10~15cm;边缘不育花大,白色,后为浅粉紫色或淡紫色;可育花白色,子房半下位,花柱 3 裂。
果实: 蒴果近球形,萼宿存。
花果期: 花期 6~7 月;果期 8~9 月。
分布: 分布辽宁、内蒙古、河北、山西、河南、陕西、甘肃等地。

枝叶

叶背面

花序

果实

快速识别要点

　　落叶小乔木或灌木,树皮片状剥落。单叶对生,叶卵形、长卵形、椭圆形或倒卵状椭圆形,背面密生灰色卷曲柔毛,具硬尖头的锯形小齿或粗齿,叶柄常带红色。复伞房花序顶生,边缘具大型不育花。

相近树种识别要点检索

1. 小枝较细;叶背密生柔毛;花序伞房状,花白色,后变淡紫色;叶卵形、椭圆形或倒卵状椭圆形,先端渐尖,具短尖头 ····································东陵绣球 *H. bretschneideri*
1. 小枝粗壮;叶背近无毛;伞房状聚伞花序近球形,多为不孕花,花粉红色或浅蓝色;叶倒卵形至宽椭圆形,先端骤尖,具短尖头 ····································绣球 *H. macrophylla*

绣球 *Hydrangea macrophylla* (Thunb.) Ser. 虎耳草科 Saxifragaceae

植株　枝叶　枝叶　花序　花序

太平花 *Philadelphus pekinensis* Rupr. 虎耳草科 Saxifragaceae

植株

树形和习性：落叶灌木，高达 3m。
树皮：黄褐色，片状剥落。
枝条：一年生枝紫褐色，无毛，2~3 年生枝皮剥裂，具白色海绵质髓；无顶芽。
叶：单叶对生，卵形至椭圆状卵形，长 3~6cm，两面光滑无毛，或仅叶背脉腋有长毛，边缘疏生小牙齿，基出 3~5 出脉；叶柄带紫色。
花：两性，常 5~9 朵组成总状花序，乳白色，直径 2~3cm，微香；花萼花瓣各 4，雄蕊 20~40，子房半下位。
果实：蒴果倒圆锥形，陀螺状，顶端 4 瓣裂。
花果期：花期 6 月；果期 9~10 月。
分布：产华北、西北、东北等地。现北方各地庭园常有栽培。

树皮

叶片正背面

花序

果实

快速识别要点
　　落叶灌木，枝皮剥裂。单叶对生，卵形至椭圆状卵形，无毛，边缘疏生小牙齿，基出 3~5 出脉。总状花序，花萼花瓣各 4，乳白色，萼筒光滑。蒴果倒圆锥形，陀螺状。

大花溲疏 *Deutzia grandiflora* Bunge 虎耳草科 Saxifragaceae

植株
花枝
叶片正背面及果实
花
花
雄蕊

叶有锯齿、裂片
单叶↓叶对生

小花溲疏 *Deutzia parviflora* Bunge 虎耳草科 Saxifragaceae

植株

树形和习性：落叶灌木，高达 2m。
树皮：灰褐色，片状剥落。
枝条：小枝褐色，中空，皮易脱落。
叶：单叶对生卵形或椭圆状卵形或卵状披针形，较大，长 3~6cm，边缘具细齿，两面疏被星状毛，叶背灰绿色。
花：两性，5 数，组成伞房花序；花小，径约 1~1.2cm，花瓣白色，雄蕊 10，排成两轮，每轮 5，花丝扁平，顶端常有 2 齿；子房半下位，花柱 3~5，离生。
果实：蒴果 3~5 瓣裂，被星状毛。
花果期：花期 6 月；果期 8 月。
分布：吉林、辽宁、内蒙古、河北、山西、山东、河南、陕西、甘肃等地均有分布。

单叶→叶对生
叶有锯齿、裂片

花序

树皮

叶片正背面

快速识别要点

落叶灌木，枝皮片状剥落。幼枝、叶和果实均被星状毛；单叶对生，卵形、椭圆状卵形或卵状披针形，具细锯齿。伞房花序，花小而多；花丝扁平，顶端常有 2 齿。

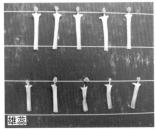
雄蕊

果实

相近树种识别要点检索

1. 叶卵形、椭圆状卵形或卵状披针形；边缘具细锯齿，伞房花序，多花，花小 ············小花溲疏 *D. parviflora*
1. 叶纸质，叶面粗糙，卵状菱形或椭圆状卵形，先端急尖，具大小相间不整齐齿牙状锯齿；花大，1~3 朵生于枝顶。
  2. 叶背灰白色，密生苍白紧贴星状毛，毛被连续覆盖 ············大花溲疏 *D. grandiflora*
  2. 叶背灰绿色，毛粗，斜伏，不连续覆盖 ············钩齿溲疏 *D. baroniana*

钩齿溲疏 *Deutzia baroniana* Diels 虎耳草科 Saxifragaceae

果枝

叶片背面

白杜（明开夜合）*Euonymus maackii* Rupr. 卫矛科 Celastraceae

树形

树皮

树形和习性：落叶小乔木，高达8m；树冠阔卵形。
树皮：灰褐色，浅纵裂。
枝条：小枝常绿色，对生。
叶：叶对生，卵形、椭圆形或至椭圆状披针形，长4.5~10cm，宽3~5cm，先端长渐尖，基部近圆形，边缘具细锯齿；叶柄细长，长2~3.5cm。
花：聚伞花序1~2回分枝，有3~7花；花淡绿色，4数，花药紫色；花盘肥大，黄绿色，具四棱。
果实：蒴果具4棱，直径约1cm，果皮粉红色；种子具红色肉质假种皮。
花果期：花期5~7月；果期10月。
分布：北起黑龙江至华北、华中、华东，南至福建，西北至内蒙古和甘肃，除陕西、西南和两广未见野生外，其他各省(区)均有，但长江以南常以栽培为主。

叶片正背面

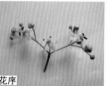
花序

花

花枝

果枝

开裂果实，示假种皮

快速识别要点

小枝绿色。叶对生，多为菱状卵形，叶柄细长。聚伞花序有花3~7；花淡绿色，4数，具花盘。蒴果具4棱，果皮黄白色；种子具红色肉质假种皮。

相近树种识别要点检索

1. 叶具明显的叶柄或长超过2mm的短柄。
　2. 直立灌木至乔木。
　　3. 落叶小乔木；叶卵状椭圆形、卵圆形至菱状卵形，具尖锐细锯齿，叶柄细长；蒴果倒圆心状，4浅裂，果皮粉红色·············白杜 *E. maackii*
　　3. 常绿或半常绿灌木或乔木；叶柄长约1cm；果皮浅红色。
　　　4. 常绿灌木；叶倒卵形至椭圆形，革质，有光泽，具浅细钝齿；聚伞花序5~12花，花瓣平滑；蒴果球形，平滑无翅棱·············冬青卫矛 *E. japonicus*
　　　4. 半常绿灌木至乔木；叶狭长椭圆形至窄倒卵形，具细密极浅锯齿；聚伞花序3~9花，花黄白色，较大，花瓣中央有皱纹；蒴果近球形，常具翅棱·············大花卫矛 *E. grandiflorus*
　2. 常绿低矮匍匐或攀缘灌木；小枝常生有气生细根和小瘤状突起；叶形变异较大，椭圆形、长倒圆形、披针形，具明显浅锯齿，叶柄短，3~6mm；聚伞花序3~4次分枝；蒴果近球形，果皮光滑·············扶芳藤 *E. fortunei*
1. 叶无叶柄或近达2mm的短柄，枝具木栓翅或黑褐色木栓质瘤突。
　　5. 枝具2~4宽木栓翅；叶卵状椭圆形、窄长椭圆形至倒卵形，无毛，具细锯齿，叶柄极短；聚伞花序有3~9花；蒴果常1~2室(果瓣)发育，裂瓣椭圆状·············卫矛 *E. alatus*
　　5. 小枝常被黑褐色木栓质瘤突；叶倒卵形至长方状倒卵形，具细密浅锯齿，叶密被毛，叶近无柄。聚伞花序有1~3(5)花，具细长花序梗，2~3cm，花紫红色或红棕色。蒴果发育正常，倒三角状，果序梗细长·············瘤枝卫矛 *E. verrucosus*

冬青卫矛（大叶黄杨）*Euonymus japonicus* Thunb. 卫矛科 Celastraceae

植株

枝叶

花枝

果实

花序

卫矛 *Euonymus alatus* (Thunb.) Sieb. 卫矛科 Celastraceae

植株

树形和习性: 落叶灌木, 高达 3m。

枝条: 小枝绿色, 四棱形, 分枝多, 具 2~4 条扁宽木栓翅, 宽达 1cm。

叶: 叶对生, 窄倒卵形至椭圆形, 长 2~6cm, 锯齿细尖; 叶柄极短或近无柄。

花: 聚伞花序有 3~9 花; 花 4 基数, 具绿色肉质花盘。

果实: 蒴果棕紫色, 4 深裂, 常 1~2 室(果瓣)发育, 裂瓣椭圆形; 假种皮橙红色, 全包种子。

花果期: 花期 5~6 月; 果期 9~10 月。

分布: 除新疆、青海、西藏、广东及海南以外, 全国各地均有分布。分布达日本和朝鲜半岛。

枝叶　花枝　木栓翅　果枝

快速识别要点

　　落叶小灌木; 枝具 2~4 条扁宽木栓翅。叶对生, 窄倒卵形至椭圆形。聚伞花序, 花 4 数, 具绿色肉质花盘。蒴果 4 深裂, 常 1~2 室(果瓣)发育; 假种皮橙红色。

扶芳藤 *Euonymus fortunei* (Turcz.) Hand.- Mazz. 卫矛科 Celastraceae

攀援习性　果枝

瘤枝卫矛 *Euonymus verrucosus* Scop. 卫矛科 Celastraceae

枝条　果枝　花

大花卫矛 *Euonymus grandiflorus* Wall. 卫矛科 Celastraceae

花枝　花　果枝　果实

少脉雀梅藤 *Sageretia paucicostata* Maxim. 鼠李科 Rhamnaceae

树干

叶有锯齿、裂片
单叶→叶对生

树形和习性: 直立灌木,高可达6m,树(枝)皮薄片状剥落。
枝条: 幼枝被黄色茸毛,后脱落;小枝刺状,对生或近对生。
叶: 叶近对生,椭圆形或倒卵状椭圆形,稀近圆形或卵状椭圆形,长 2.5~4.5cm,宽 1.4~2.5cm,叶缘具钩状细锯齿;叶柄长 4~6mm,被短细柔毛。
花: 花小、黄绿色,几无梗,排成穗状花序,5基数,具肉质花盘。
果实: 核果倒卵状球形或球形,长 5~8mm,径 4~6mm,成熟时黑色或黑紫色,具3分核。
花果期: 花期 5~9月;果期 7~10月。
分布: 产河北、河南、山西、陕西、甘肃、四川、云南、西藏东部(波密);多生长在石灰岩山地的干旱阳坡。

叶近对生,正面

花

快速识别要点

灌木,树皮薄片状剥落;小枝先端刺状,对生或近对生。叶近对生,椭圆形或倒卵状椭圆形,具钩状细锯齿,叶脉少,约3对,弧形。核果球形,成熟时黑色或黑紫色。

果实

鼠李 *Rhamnus davurica* Pall.
鼠李科 Rhamnaceae

叶片正背面

未成熟果实

锐齿鼠李 *Rhamnus arguta* Maxim.
鼠李科 Rhamnaceae

枝叶

成熟果实

小叶鼠李 *Rhamnus parvifolia* Bunge 鼠李科 Rhamnaceae

植株

株形和习性：灌木，高 1.5~2m。

枝条：小枝灰褐色，有光泽；枝端及分叉处有针刺。

叶：叶近对生，菱状倒卵形或菱状椭圆形，大小变异很大，长 1.2~4cm，宽 0.8~2(3)cm，叶缘具圆齿状细锯齿，表面无毛或疏被短柔毛，背面脉腋窝孔内有疏微毛。

花：花小，黄绿色，单性，雌雄异株，通常数朵簇生于短枝上；花 4 基数，具花盘。

果实：果倒卵状球形，径 4~5mm，具 2 分核。种子背侧有长为种子 4/5 的纵沟。

花果期：花期 4~5 月；果期 6~9 月。

分布：产黑龙江、吉林、辽宁、内蒙古、河北、山西、陕西、河南、山东等；蒙古、朝鲜、俄罗斯西伯利亚亦有分布。

花枝

快速识别要点

落叶小灌木，具枝刺。叶近对生，菱状倒卵形或菱状椭圆形。花小，黄绿色，数朵簇生于短枝上。核果近球形，成熟时黑色。

叶近对生

果实

相近树种识别要点检索

1. 叶缘锯齿不成芒状。
　2. 叶较小，菱状倒卵形或菱状椭圆形，两面无毛或仅叶下面脉腋处有簇毛⋯⋯⋯⋯⋯⋯⋯⋯**小叶鼠李 *Rh. parvifolia***
　2. 叶较大，叶椭圆形至长圆形。
　　3. 椭圆形至或倒卵状椭圆形，叶干后背面沿脉或脉腋有金黄色柔毛，叶柄长约 1cm；枝无顶芽⋯⋯**冻绿 *Rh. utilis***
　　3. 长圆形、卵状椭圆形至宽倒披针形，无毛，叶柄长 1~3cm；枝具大型顶芽，常无刺；花梗及果梗长约 1cm⋯⋯**鼠李 *Rh. davurica***
1. 叶缘锯齿锐尖成芒状，叶卵状心形或卵圆形，叶基心形或圆形，常带红色或紫红色，被疏毛。花及果实具长梗⋯⋯⋯⋯⋯⋯⋯⋯⋯⋯⋯⋯⋯⋯⋯⋯⋯⋯⋯⋯⋯⋯⋯⋯⋯⋯⋯⋯⋯⋯⋯⋯⋯⋯⋯⋯⋯⋯**锐齿鼠李 *Rh. arguta***

冻绿 *Rhamnus utilis* Decne. 鼠李科 Rhamnaceae

枝干，小枝顶端具刺

叶片正背面

果实

053

华北五角枫（元宝枫）*Acer truncatum* Bunge 槭树科 Aceraceae

树形

树形和习性：落叶小乔木，高 10~20m，树冠近球形。

树皮：树皮灰褐色，浅纵裂，裂沟常纵向扭曲。

枝条：小枝灰黄、浅棕或灰褐色，无毛，皮孔明显；冬芽小，卵圆形。

叶：单叶，长 5~10cm，常掌状 5 裂，叶裂达叶片中部 1/3 处，中间裂片的两侧又常有 2 小裂，叶基截形或近截形，掌状 5 出脉；叶柄细长，长 3~10cm。

花：杂性同株，顶生伞房花序；花黄绿色，径约 1cm，萼片、花瓣各 5，雄蕊 8，着生在花盘上，两性花柱头 2 裂。

果实：双翅果扁平，长 2~2.5cm；翅果之小坚果径与果翅近等长，两小果基部连接处成截形或圆形。

花果期：华北花期 4~5 月；果期 8~9 月。

分布：产东北、华北、华东等地。多见于低山丘陵，为重要秋季观叶树种。

树皮

果枝

叶片正背面

双翅果

两性花

雄花

快速识别要点

落叶乔木。单叶对生，掌状 5~7 裂，叶基通常截形，秋后变黄或红。花黄绿色，有花盘。双翅果，小坚果径与果翅近等长，两翅展开约成直角。

相近树种识别要点检索

1. 叶常不分裂，卵形或长圆卵形，叶长显著大于叶宽至 1/3 到 1 倍，具不整齐细圆齿。树皮青绿色，常成蛇皮状，双翅果张近于水平或钝角，果梗较长···青榨槭 **A. davidii**

1. 叶常开裂。

  2. 叶 5 裂，裂片全缘。

    3. 叶基截形或浅心形；果翅开展为钝角或近直角，翅长与小坚果近等长··············华北五角枫 **A. truncatum**

    3. 叶基近心形或心形；果翅开展为钝角或近开展，翅长为小坚果的 1.5 倍··········五角枫 **A. mono**

  2. 叶缘或裂片边缘具锯齿。

    4. 叶 3 裂或 7 裂。

      5. 叶片中段以上 3 裂，边缘有细锯齿，侧裂片与中裂片近等大，中裂片卵形至三角状卵形；叶背有白粉；双翅果张开成锐角或近于直立，小坚果凸起··············三角槭 **A. buergerianum**

      5. 叶 7 裂，深达叶片的 1/2 以上，裂片长圆状卵形或披针形，具尖锐锯齿··········鸡爪槭 **A. palmatum**

    4. 叶 3~5 裂或 5 裂。

      6. 叶 3~5 深裂，各裂片具不整齐的钝尖锯齿，叶长圆状卵形至长圆状椭圆形；伞房花序；双翅果常红色，张开近直立，小果基部宽窄不一，成倾斜状··············茶条槭 **A. ginnala**

      6. 叶常 5 裂。

        7. 树皮裂成薄片脱落；叶轮廓近长圆形，常 5 裂，稀 7 裂，深达叶片 2/5，裂片宽卵形，先端锐尖，具不整齐粗锯齿，叶基心形，叶背密被淡黄色或灰白色绒毛；顶生圆锥花序；双翅果张开成直角·····························花楷槭 **A. ukurunduense**

        7. 树皮青绿色，平滑，有裂纹；叶常 5 裂，裂片三角形，叶轮廓近于圆形至卵形，具有钝尖重锯齿，基部心形；总状花序；双翅果张开成钝角或近于水平·····························青楷槭 **A. tegmentosum**

五角枫 *Acer mono* Maxim. 槭树科 Aceraceae

叶形　果枝

鸡爪槭 *Acer palmatum* Thunb. 槭树科 Aceraceae

树形　叶

茶条槭 *Acer ginnala* Maxim. 槭树科 Aceraceae

叶片正背面　花序　果枝　果实

三角槭 *Acer buergerianum* Miq. 槭树科 Aceraceae

枝叶　叶形　果实

青楷槭 *Acer tegmentosum* Maxim. 槭树科 Aceraceae

树干　果枝　叶背面　果实

花楷槭 *Acer ukurunduense* Trautv. et Mey. 槭树科 Aceraceae

树干

叶形

花序

青榨槭 *Acer davidii* Franch. 槭树科 Aceraceae

树皮　枝条　叶片正背面　果序

单叶↓叶对生
叶有锯齿、裂片

海州常山 *Clerodendrum trichotomum* Thunb. 马鞭草科 Verbenaceae

叶有锯齿、裂片
单叶→叶对生

树形

树形和习性: 落叶灌木或小乔木, 高 1.5~10m。

枝条: 老枝灰白色, 具明显的皮孔, 具淡黄色片状髓; 幼枝多少被黄褐色柔毛或近无毛。

叶: 卵形至卵状椭圆形, 长 5~15cm, 宽 3~10cm, 具波状齿或有时全缘, 叶基宽楔形或截形, 两面疏被柔毛或无毛。

花: 对生或腋生疏松伞房状聚伞花序; 花萼紫红色, 长 2cm, 5裂至基部, 花冠筒细长, 裂片 5, 白色或带粉红色, 雄蕊 4, 柱头2 裂。

果实: 核果球形, 径 6~8mm, 蓝紫色, 包藏于增大的宿存花萼内。

花果期: 花期 6~8月; 果期 9~11月。

分布: 产东北南部、华北、西北东部、华东、中南、西南等; 生于海拔 2000m 以下山地、丘陵、沟谷混交林中。根、茎、叶、花入药。花果美丽, 为良好的园林绿化树种。

小枝 (示叶对生)

叶背面

果实

花序

快速识别要点

落叶灌木或小乔木, 片状髓。单叶对生, 揉之有特殊气味。花萼紫红色, 花冠白色或带粉红色。浆果状核果, 包藏于增大的宿存花萼内, 蓝紫色。

木香薷 *Elsholtzia stauntonii* 唇形科 Lamiaceae

植株

树形和习性: 落叶半灌木, 高 0.5~1.7m, 上部多分枝。植株体揉之有香味。

枝条: 老枝近圆柱形, 小枝近四棱形, 具槽及细沟纹, 带紫红色, 被微柔毛。

叶: 对生, 披针形至椭圆状披针形, 长 8~10cm, 宽2~4cm边缘有粗锯齿两面沿脉被短柔毛背面密被腺点叶柄长 4~6mm。

花: 轮伞花序排成顶生单侧的穗状花序, 长 3~12cm; 花序梗、花梗被白绒毛; 花萼筒外部密被白色绒毛, 花冠二唇形, 长 7~9mm, 淡紫红色, 雄蕊 4, 二强, 子房 4 深裂。

果实: 小坚果, 椭圆形, 光滑。

花果期: 花、果期 7~10月。

分布: 产北京、河北、山西、河南、陕西、内蒙古和甘肃。夏季开花, 植株具有香气, 是理想的美化灌木。

叶片正背面

花

快速识别要点

落叶半灌木, 茎四棱, 植株体揉之有香味。单叶对生, 边缘有粗锯齿, 背面密被腺点。穗状花序偏向一侧; 花冠二唇形, 淡紫红色, 二强雄蕊。

连翘 *Forsythia suspensa* (Thunb.) Vahl 木犀科 Oleaceae

植株

枝条

枝中空

叶形

树形和习性: 落叶灌木,高达3m。干丛生,直立。

枝条: 枝开展,呈拱形下垂,小枝稍4棱,土黄色或黄褐色,皮孔明显,髓部中空。

叶: 单叶或有时三出复叶,对生,叶片卵形、宽卵形或椭圆状卵形,长3~10cm,无毛,先端渐尖,基部圆形至宽楔形,叶缘有粗锯齿。

花: 花单生或数朵生于叶腋;花萼绿色,4裂,裂片矩圆形,花冠黄色,4深裂,裂片倒卵状椭圆形,雄蕊2,花柱二型。

果实: 蒴果卵圆形,长约2cm,表面散生疣点,成熟时2裂。

花果期: 花期3~4月;果期7~9月。

分布: 产于河北、山西、陕西、山东、安徽西部、河南、湖北、四川等省(区),山西、陕西、河南产量最多,主要分布于中条山、太行山、伏牛山、桐柏山等山区。常生于海拔400~1500m山坡、溪谷、石旁、疏林和灌丛中。果实可入药;花色金黄,花期早,先叶开放,是北方常见的早春观花树种。

快速识别要点

　　灌木;枝条多拱形下垂,髓心中空,皮孔突出。单叶,稀三出复叶,对生,边缘有粗锯齿。花冠钟形,黄色,4深裂,早春先叶开花;蒴果卵圆形,2裂,表面散生疣点。

花

果实

相近树种识别要点检索

1. 小枝髓部中空;单叶或有时为3出复叶,叶片卵形、宽卵形或椭圆状卵形·····················连翘 *F. suspensa*
1. 小枝髓心片状;单叶,叶片长椭圆形至披针形·····················金钟花 *F. viridissima*

金钟花 *Forsythia viridissima* Lindl. 木犀科 Oleaceae

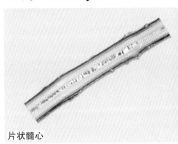

片状髓心

枝叶

叶片正背面

六道木 *Abelia biflora* Turcz. 忍冬科 Caprifoliaceae

单叶↓叶对生　叶有锯齿　裂片

灌丛

树形和习性：落叶丛生灌木，高达 3m。

枝条：老枝具 6 纵沟，幼枝节间膨大，被硬毛。

叶：单叶对生，椭圆形至椭圆状披针形，全缘或具缺刻状锯齿，长 2~7cm，两面被短柔毛，叶缘有睫毛；叶柄基部膨大，连合贴茎，被刺毛。

花：单生于枝顶或叶腋；花萼 4 裂，花后增大且宿存；花冠高脚碟状，4 裂，白色、淡黄色或带浅红色，外面被柔毛，雄蕊 4，子房下位。

果实：瘦果弯曲，具纵棱，上面具 4 枚宿存萼片；种子近圆柱形，种皮膜质。

花果期：花期 4~5 月；果期 8~9 月。

分布：产辽宁、内蒙古、河北、山西、河南、陕西、甘肃等；生于海拔 1000~2000m 山地灌丛林缘。干材坚硬，供制手杖、筷子及工艺品等；叶秀花美，芳香宜人，可作为园林观赏栽培。

树干

枝叶

快速识别要点

丛生灌木，老枝具 6 棱。单叶对生，全缘或具缺刻状对称锯齿，叶柄基部膨大，连合贴茎，被灰白色刺毛。花萼 4 裂，叶状，花冠高脚碟状，4 裂，白色或淡黄色。瘦果弯曲，具纵棱和 4 枚宿存萼片。

叶形变异

花

果实

相近树种识别要点检索

1. 老枝具 6 棱；花单生于侧枝顶端或叶腋；花萼裂片 4 枚······六道木 *A. biflora*

1. 老枝不具 6 棱；由多花聚合成聚伞花序生于小枝顶部；花萼裂片 5 枚······糯米条 *A. chinensis*

糯米条 *Abelia chinensis* R.Br 忍冬科 Caprifoliaceae

树干

枝叶

花枝

花序

锦带花 *Weigela florida* (Bunge) A. DC. 忍冬科 Caprifoliaceae

树形和习性: 落叶灌木,高 2~3m。

树皮: 树皮灰色。

枝条: 幼枝细弱,红棕色,具短柔毛;芽顶端尖,具 3~4 对芽鳞。

叶: 对生,椭圆形或卵状椭圆形,长 5~10cm,顶端锐尖,基部圆形或楔形,边缘有锯齿,表面脉上有毛,背面尤密;叶柄极短。

花: 1~4 朵花组成聚伞花序,生于短枝叶腋或枝顶;花萼 5,仅裂至中部,裂片披针形,花冠管状钟形或漏斗形,5 裂,粉红色,雄蕊 5,下位子房 2 室,花梗状,柱头 2 裂。

果实: 蒴果柱形,长 1.5~2cm,2 裂。种子无翅。

花果期: 花期 5~7 月;果实 8~9 月。

分布: 产东北、华北、华东地区;生于海拔 1400m 以下的杂木林内、林缘、灌丛及石缝中;华北习见,各地栽培。叶茂花繁,花期长达 2 个月之久,是华北地区春季主要花灌木之一。

枝叶 花枝 果实 花

快速识别要点

落叶灌木。单叶对生,椭圆形或卵状椭圆形,叶柄极短。聚伞花序;花冠管状钟形,5 裂,粉红色,下位子房花梗状,具棱。蒴果柱形,木质开裂。

相近树种识别要点检索

1. 花萼裂片披针形,仅裂至中部,下部合生;柱头 2 裂;种子无翅 ···锦带花 *W. florida*

1. 花萼裂片线形,裂至基部;柱头头状;种子有翅 ···海仙花 *W. coraeensis*

海仙花 *Weigela coraeensis* Thunb. 忍冬科 Caprifoliaceae

枝条

花

天目琼花（鸡树条荚蒾）*Viburnum sargentii* Koehne 忍冬科 Caprifoliaceae

植株

树形和习性：落叶灌木，高约3m。
枝条：当年生小枝具棱，有明显的皮孔，老枝褐色或暗灰色，常纵裂；冬芽卵圆形，有1对合生的外鳞片。
叶：单叶对生，卵圆形，常3裂，裂片具不整齐锯齿，长6~12cm，掌状3出脉，上面无毛，下面被黄白色长柔毛及暗褐色腺体；叶柄长2~4cm，近叶基处有2~4大型腺体。
花：复伞形式聚伞花序顶生；花序边缘具10~12白色不孕花，直径达10cm；中央的两性花小，萼5齿裂，宿存，花冠钟状，白色，径约3mm，裂片5，开展，雄蕊5，与花冠裂片互生，花药紫红色。
果实：核果球形，红色，径约8mm，果核无沟。
花果期：花期5~6月；果期9~10月。
分布：产东北、华北地区，西至陕西、甘肃，南至浙江、江西、湖北、四川；生于海拔1000~1600m山地疏林中。花白色，芳香；果鲜半透明，红色；叶似枫叶，秋天变色为橙黄色或红色，可栽作观赏。

叶片正背面

枝叶

花序

芽鳞合生

果实

快速识别要点
　　落叶灌木；芽鳞合生成1片，风帽状。叶片掌状3~5裂，叶柄顶端具腺体。复伞形花序，边缘具大型白色不孕花，中央两性花小，花冠钟状，花药紫红色。核果，红色。

相近树种识别要点检索
1. 叶卵圆形，常3~5裂，具掌状脉；芽鳞合生成1片，风帽状；叶柄顶端具腺体。
　　2. 花药紫红色 ······天目琼花 *V. sargentii*
　　2. 花药黄白色 ······欧洲荚蒾 *V. opulus*
1. 叶不分裂，羽状脉，叶柄顶端无腺体。
　　3. 冬芽具1~2对分离芽鳞。叶宽卵形至菱状卵形，离叶基以上具不规则浅波状牙齿，果实红色，近圆形，腹具1~3条浅槽和背部具2条深槽 ······桦叶荚蒾 *V. betulifolium*
　　3. 裸芽。植物具星状毛；叶缘有浅齿，下面疏生星状毛。核果椭圆形，黑色。
　　　　4. 叶卵状椭圆形，顶端钝或略尖，侧脉5~7对。核果短椭圆形，先红熟黑；核背部略隆起无沟，腹具3浅槽 ······陕西荚蒾 *V. schensianum*
　　　　4. 幼枝、叶、叶背、叶柄及花序均被星状毛；叶宽卵形至椭圆形，顶端尖或钝，侧脉4~5对。核果椭圆形，先红后黑；核扁，背有2浅槽，腹有3浅槽 ······蒙古荚蒾 *V. mongolicum*

欧洲荚蒾 *Viburnum opulus* L. 忍冬科 Caprifoliaceae

叶背　叶柄，示腺体　花序　果实

桦叶荚蒾 *Viburnum betulifolium* Batal.
忍冬科 Caprifoliaceae

叶正面

花枝

陕西荚蒾 *Viburnum schensianum* Maxim.
忍冬科 Caprifoliaceae

枝叶

叶片正背面

蒙古荚蒾 *Viburnum mongolicum* (Pall.) Rehd. 忍冬科 Caprifoliaceae

植株　枝叶　叶缘锯齿　幼果　叶背面及成熟果实

蝟实 *Kolkwitzia amabilis* Graebn. 忍冬科 Caprifoliaceae

植株

树形和习性：落叶丛生灌木，高达 3m。
枝条：幼枝红褐色，被短柔毛及糙毛，老枝光滑，茎皮剥落。
叶：单叶对生，卵形至卵状披针形，长 3~7cm，顶端渐尖，基部圆形，全缘或稀有浅锯齿，两面疏生柔毛，边缘有睫毛。
花：聚伞花序由 2 花组成，再顶生或腋生形成伞房状；花托膨大部分密被刺刚毛，花梗、花萼生刺刚毛；萼筒上部缢缩成颈，顶端 5 裂，花冠钟形，5 裂，淡红色，内有黄色条纹，雄蕊 4，2 强，藏于花冠内。
果实：瘦果状核果，2 枚合生，密被黄色刺刚毛。
花果期：花期 5~6 月；果期 8~9 月。
分布：为我国特有种。产山西、河南、陕西、甘肃、湖北以及安徽等省；生于海拔 350~1400m 的山坡灌丛中。花大色艳，果形奇特，为著名观赏树木。

树皮

快速识别要点
　　落叶丛生灌木；幼枝红褐色，老枝茎皮剥落。单叶对生，卵形至卵状披针形，具短柄。花成对生于叶腋内，萼筒下部合生，花冠钟状，5 裂，淡红色，子房下位；花梗、花托、花萼和果实密生刺刚毛。

叶背面

花序

花正面观

花，示刺刚毛

果实

鸡麻 *Rhodotypos scandens* (Thunb.) Makino 蔷薇科 Rosaceae

植株

树形和习性：落叶灌木，高达 2m。
枝条：幼枝绿色，无毛，小枝紫褐色，光滑。
叶：单叶对生，卵形，长 4~11cm，宽 3~6cm，先端渐尖，基部圆形或微心形，有尖锐重锯齿，叶脉下凹，叶面褶皱。
花：花单生，花径 3~5cm；具副萼，花 4 基数，白色，萼片叶状，雄蕊多数，心皮 4，离生。
果实：聚合核果 1~4，黑色或褐色，斜椭圆形，长约 0.8cm，光亮；萼片宿存。
花果期：花期 4~5 月；果期 6~9 月。
分布：产辽宁南部、山东东部、河南东南部、江苏西南部、浙江、安徽、湖北东北部、广西东北部、陕西南部及甘肃南部；中国南北各地栽培观赏。

叶背面

副萼片

花

果实

快速识别要点
　　落叶小灌木。单叶对生，卵形，边缘有尖锐重锯齿，叶表褶皱，不平滑。花单生，4 基数，白色，萼片叶状，心皮 4，离生。聚合核果 1~4，黑色。

玉兰 *Magnolia denudata* Desr. 木兰科 Magnoliaceae

树形

树形和习性：落叶乔木，高达 20m，胸径 60cm；树冠阔卵形。
树皮：灰褐色，平滑或粗糙。
枝条：小枝灰褐色。具环状托叶痕。花芽大而显著，密被白色绒毛。
叶：纸质，宽倒卵形或宽卵状椭圆形，长 10~18cm，宽 6~12cm，羽状脉，全缘，先端突尖，基部楔形。托叶 1 枚，芽鳞状，脱落后在枝上留下环状托叶痕。
花：花两性，单生枝顶，先叶开放，白色，径约 12~15cm，花被片 9 片，排成 3 轮；雄蕊多数，螺旋状着生在柱状花托基部，花丝短而扁平；离心皮雌蕊多数，螺旋状着生在柱状花托上部。
果实：聚合蓇葖果长圆柱形，长 8~12cm，因蓇葖发育不整齐而弯曲。种子 1~2 枚，具红色肉质种皮，常悬垂于丝状珠柄上。
花果期：花期 3~4 月；果期 9~10 月。
分布：产于安徽、浙江、江西、湖南、广东北部等地。现广为栽培，是驰名中外的庭园观赏树种。

树皮

种子

花芽、托叶痕

枝叶

叶片正背面

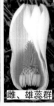
雌、雄蕊群

快速识别要点

落叶乔木；树皮灰褐色，较平滑。枝具环状托叶痕。单叶互生，宽倒卵形，全缘，先端突尖。花白色，单生枝顶，花被片 9，排成 3 轮，花托柱状。聚合蓇葖果，种子具红色肉质种皮。

花

幼果

成熟果实及种子

蓇葖果

相近树种识别要点检索

1. 叶大，近革质，假轮生，7~9 片聚生于枝端，长圆状倒卵形，先端具短急尖或圆钝全缘而微波状，叶背面灰绿色，被灰色柔毛，有白粉；顶芽大，狭卵状圆锥形，无毛·············**厚朴 *M. officinalis***
1. 叶不为假轮生，均在枝条上互生；叶常为宽倒卵形、椭圆形。
  2. 落叶性；叶片纸质，背面无锈色毛，托叶与叶柄连生，叶柄上具托叶痕。聚合蓇葖果无毛，因部分蓇葖不发育而不整齐。
    3. 花先叶开放。叶宽倒卵形，先端突尖，叶背仅叶脉有柔毛，叶痕长仅为叶柄的 1/4；花被片白色，等大·············**玉兰 *M. denudata***
    3. 花叶同放。托叶痕长为叶柄的一半；花被片等大或外轮花被片小，呈萼片状。
      4. 叶椭圆状倒卵形，先端渐尖，叶基下延，叶背淡绿色，沿脉有短柔毛；花直立，紫红色，外轮花被片小，绿色，呈萼片状·············**紫玉兰 *M. liliflora***
      4. 叶倒卵形，先端短渐尖，叶基宽楔形至浅心形，叶背苍白色，被白色长绢毛；花平展或稍下垂，白色，花被片等大·············**天女木兰 *M. sieboldii***
  2. 常绿性；叶椭圆形，厚革质，叶背密被锈褐色毛，托叶与叶柄离生，叶柄上无托叶痕。聚合蓇葖果圆柱形，被灰色绒毛，蓇葖全部发育·············**荷花玉兰 *M. grandiflora***

紫玉兰 *Magnolia liliflora* Desr. 木兰科 Magnoliaceae

花枝

托叶痕

叶片背面

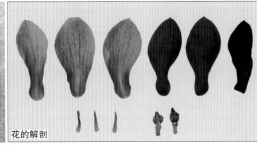
花的解剖

天女木兰 *Magnolia sieboldii* K. Koch 木兰科 Magnoliaceae

叶背

花枝

幼果

花

果

厚朴 *Magnolia officinalis* Rehd. et Wils. 木兰科 Magnoliaceae

单叶↓叶对生　叶全缘

树形

树形和习性: 落叶乔木,高达20m;树冠长宽卵形。
树皮: 灰褐色,厚,平滑或粗糙。
枝条: 小枝粗壮,灰褐色。具环状托叶痕。顶芽大,倒笔状,无毛。
叶: 大型,集生枝顶,长圆状倒卵形,长15cm以上,可达45cm,侧脉20~30对,全缘,先端圆钝,基部楔形,叶背灰白色,被灰色柔毛和白粉。托叶1枚,芽鳞状。
花: 花两性,单生枝顶,后叶开放,白色或淡红色,芳香,径约10~15cm,花被片9~12,长勺形。
果实: 聚合果圆柱形,长9~13cm,蓇葖发育整齐,紧密,先端具突起的喙。
花果期: 花期5~8月;果期9~10月。
分布: 产于秦岭以南等地,以四川、湖北、贵州和湖南为主要栽培区。以取树皮和根皮入药。
　　凹叶厚朴 *Magnolia officinalis* subsp. *biloba* Law 与厚朴的区别为:叶先端凹缺。

叶集生枝顶

叶片正背面

花

快速识别要点

　　落叶乔木;树皮灰褐色较平滑。顶芽发达,光滑。叶大,长可达45cm,5~9叶集生枝顶,呈假轮生状;长圆状倒卵形,全缘,先端具圆钝,叶背灰白色。花单生枝顶,白色或淡红色,花被片9~12。聚合蓇葖果圆柱形,发育整齐。

顶芽　　果实

荷花玉兰 *Magnolia grandiflora* L. 木兰科 Magnoliaceae

树形

枝叶

花

未成熟果实

成熟果实及种子

八角 *Illicium verum* Hook. f. 八角科 Illiciaceae

树形和习性：落常绿乔木，高达17m。树冠塔形、椭圆形或圆锥形。
树皮：树皮深灰色。
枝条：枝密而平展。
叶：叶互生或3~6聚生枝顶，革质或厚革质，倒卵状椭圆形、倒披针形至椭圆形，长5~15cm，宽1~1.5cm，先端短渐尖或稍钝圆，基部楔形，中脉明显，侧脉4~6，不明显；叶柄短；枝、叶具香气。
花：花单生叶腋或近顶生；花蕾球形；花被片7~12枚，棕红色，宽卵形、圆形或宽椭圆形，肉质。
果实：聚合果平展，径3.5~4cm；蓇葖7~8，顶端喙钝圆，无尖头。
花果期：花期2~5月及8~10月；果实成熟期9~10月及翌年3~4月。
分布：产浙江、福建、湖南、贵州、云南、广东、广西等省份。

植株

树皮

果枝

叶片

花枝

未成熟的聚合蓇葖果

成熟果实

单叶↓叶对生 叶全缘

快速识别要点

枝密而平展；叶互生，革质，中脉明显，侧脉不明显，叶柄短；枝、叶、果均具有香气。

相近树种识别要点检索

1. 叶倒卵状椭圆形、倒披针形或椭圆形，先端骤尖或短渐尖；心皮和蓇葖果常为8，先端钝或钝尖…………………………………………………………………………………八角 *I. verum*

1. 叶披针形、倒披针形或倒卵状椭圆形，先端尾尖或渐尖；心皮和蓇葖果常为10~14，先端有长而弯的尖头…………………………………………………………………莽草 *I. lanceolatum*

莽草（披针叶茴香） *Illicium lanceolatum* A. C. Smith 八角科 Illiciaceae

植株

叶片正背面

花近顶生

心皮多数

花

幼果

果实

山胡椒 *Lindera glauca* (Sieb. et Zucc.) Blume　樟科　Lauraceae

树形

树皮

树形和习性: 落叶小乔木或灌木,高 6~8m。

树皮: 树皮平滑,灰白色。

枝条: 小枝灰白色,幼时有毛;冬芽长圆锥形。

叶: 叶近革质,宽椭圆形或倒卵形,长 4~9cm,宽 2~4cm,先端宽渐尖和宽急尖,基部圆形或渐尖,全缘,叶缘呈波状;上面暗绿色,无毛,下面苍白色或灰色,稍有白粉,具黄褐色柔毛,叶脉毛更密,羽状脉;叶柄长 3~6mm,有毛;叶冬季叶枯而不落。

花: 花单性,雌雄异株,伞形花序腋生,近无总梗,有花 3~8 朵,先叶或与叶同时开放;花被片 6,绿黄色,雄花具雄蕊 9,花药 2 室,内向;花梗长 1.5cm,有柔毛。

果实: 核果球形,成熟时由红色转黑色,直径 5~7mm,有香气,果梗较长,为叶柄的 2~3 倍。

花果期: 花期 3~4 月;果实成熟期 7~9 月。

分布: 产山东、河南南部、陕西南部及秦岭北坡、甘肃南部、山西南部、江苏、安徽、浙江、江西、福建、湖南、湖北、四川、贵州、广西、广东、台湾;东部海拔 700m 以下,西部海拔 1000~1700m 以下,生于山坡灌丛、林缘或疏林中。

叶片正背面及枝条

雄花

雌花枝

果枝

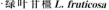
单叶→叶对生　叶全缘

快速识别要点

　　落叶小乔木;小枝灰白色。叶近革质,宽椭圆形或倒卵形,全缘,下面苍白色,被黄褐色柔毛,揉之有香气。花单性,伞形花序腋生;花被片 6,绿黄色,雄蕊花药 2 室。核果球形,黑色。

狭叶山胡椒 *Lindera angustifolia* Cheng　樟科　Lauraceae

枝叶

花枝

相近树种识别要点检索

1. 叶具羽状脉,叶全缘。
　2. 叶椭圆形、倒卵形或披针形,叶基不下延。
　　3. 枝条常为灰白色,皮孔明显,当年生枝条被白色平伏毛。叶椭圆形、倒卵形或披针形,冬秋枯而不落。核果黑色,果梗长于叶柄约 2~3 倍。
　　　4. 叶椭圆形或倒卵形。芽鳞无脊···山胡椒 *L. glauca*
　　　4. 叶披针形至椭圆状披针形。芽鳞有脊·····························狭叶山胡椒 *L. angustifolia*
　　3. 枝条黄绿色,皮孔不明显。叶宽椭圆形或椭圆状卵形,先端渐尖。核果红色,果梗短于叶柄···山橿 *L. reflexa*
　2. 叶倒披针形,叶基下延,叶背有贴伏毛。枝条黄褐色,皮孔明显,具木栓质突起而粗糙。核果红色,果梗长于叶柄约 1 倍·····································红果钓樟 *L. erythrocarpa*
1. 叶具三出脉。
　　5. 叶 3 裂或全缘,卵圆形至近圆形,三出脉,稀五出脉。小枝黄绿色,平滑,老枝多木栓质皮孔纵裂。核果椭圆形,成熟时由红色变黑色,果梗纺锤形·····································三桠乌药 *L. obtusiloba*
　　5. 叶全缘,不开裂,具离基三出脉。核果球形。
　　　6. 叶卵形至披针形,叶基楔形。枝条黑褐色。核果黑色,果梗稍长于叶柄·········红脉钓樟 *L. rubronervia*
　　　6. 枝条青绿色至黄绿色,光滑。叶宽卵形,先端渐尖,基部圆形。核果红色,果梗短于叶柄·····································绿叶甘橿 *L. fruticosa*

三桠乌药 *Lindera obtusiloba* Blume 樟科 Lauraceae

叶片正背面　　　果实

山橿 *Lindera reflexa* Hemsl. 樟科 Lauraceae

叶片正背面　　　果实

红果钓樟 *Lindera erythrocarpa* Makino 樟科 Lauraceae

叶片正背面　　果枝

绿叶甘橿 *Lindera fruticosa* Hemsl. 樟科 Lauraceae

叶片正背面及果实

红脉钓樟 *Lindera rubronervia* Gamble 樟科 Lauraceae

花序　　　果枝　　　果实

単叶↓叶对生
叶全缘

木姜子 *Litsea pungens* Hemsl. 樟科 Lauraceae

花枝

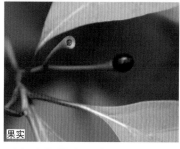

果实

树形和习性: 落叶灌木或小乔木, 高达 6m。
树皮: 树皮灰白色。
枝条: 老枝黑褐色, 无毛, 幼枝黄绿色, 被柔毛; 顶芽圆锥形。
叶: 叶常聚生枝顶, 膜质, 窄倒卵形至倒卵状椭圆形, 长 5~10cm, 宽 2.5~3.5cm, 先端短尖, 基部楔形, 下面初被柔毛, 后变为无毛, 侧脉 5 对, 突出; 叶柄长约 1cm, 细弱。
花: 花单性, 雌雄异株, 伞形花序腋生, 总梗长 5~8mm, 总苞片厚, 外面无毛, 早脱落; 花被片 6, 倒卵形, 黄色, 雄花具雄蕊 9, 花药 4 室。
果实: 核果球形, 蓝黑色, 直径 7~9mm; 果梗长 5~20mm, 先端略膨大。
花果期: 花期 5 月; 果期 7~9 月。
分布: 产湖北、湖南、广东北部、广西、四川、贵州、云南、西藏东南部、甘肃南部、陕西南部、河南南部、山西南部、安徽、江西、浙江等。

快速识别要点

　　落叶灌木或小乔木; 幼枝黄绿色, 初时被柔毛, 后脱落。叶常聚生枝顶, 窄倒卵形至倒卵状椭圆形, 全缘, 揉之有香气。核果球形, 蓝黑色, 果梗先端略膨大。

相近树种识别要点检索

1. 幼枝、叶背、花梗和果梗常有长丝状毛。叶窄倒卵形至倒卵状椭圆形。核果蓝黑色·····················**木姜子 *L. pungens***
1. 植株光滑无毛, 幼树树皮黄绿色, 叶披针形。核果成熟时由红色转黑色·····················**山鸡椒 *L. cubeba***

山鸡椒(山苍子) *Litsea cubeba* (Lour.) Pers. 樟科 Lauraceae

叶片正背面

枝叶

花

果实

叶全缘

单叶↓叶对生

木藤蓼 *Polygonum aubertii* (L. Henry) Holub 蓼科 Polygonaceae

灌丛

树形和习性：木质缠绕藤本。茎长 1~6m。
叶：叶互生或簇生，长卵形至卵形，近革质，先端急尖，全缘或边缘波状，基部近心形，两面无毛，叶柄长 1.5~2.5cm；托叶鞘膜质，褐色。
花：花两性，圆锥花序；花被片 5，淡绿色或白色，外轮 3 片较大，背部具翅，果期增大。
果实：瘦果卵形，具 3 棱，黑褐色，微有光泽，包于宿存花被内。
花果期：花期 7~8 月；果期 8~9 月。
分布：陕西、甘肃、内蒙古、山西、河南、青海、宁夏、云南、西藏等地。

花序

果枝

快速识别要点

木质缠绕藤本。叶互生或簇生，卵形，全缘或边缘波状。花两性，圆锥花序；花被白色，瘦果卵形，具 3 棱。

檵木 *Loropetalum chinense* (R. Br.) Oliv. 金缕梅科 Hamamelidaceae

灌丛

树形和习性：落叶灌木或小乔木，高达 2~8m。
枝条：小枝有褐锈色星状毛。
叶：叶革质，卵形，长 2~5cm，宽 1.5~2.5cm，顶端尖，基部钝，不对称，全缘，密生星状柔毛，叶缘有睫毛。
花：花两性，3~8 朵簇生；萼齿 4，卵形，花瓣 4，白色，带状，先叶开放或与嫩叶同时开放，雄蕊 4，花丝极短，退化雄蕊与雄蕊互生，鳞片状，子房半下位，2 室，被星状毛。
果实：蒴果木质，卵圆形，有星状毛，2 瓣裂开，每瓣 2 浅裂。
花果期：花期 4~5 月；果期 7~8 月。
分布：主产长江中、下游以南各地，生在海拔 1000m 以下灌丛中。

叶片正背面

花

果实

开裂果实及种子

快速识别要点

小枝有褐锈色星状毛。叶革质，卵形，全缘，密生星状柔毛。花白色，花瓣带状。蒴果木质，2 瓣裂，有星状毛。

红花檵木 *Loropetalum chinense* (R. Br.) Oliv. var. *rubrum* Yieh 金缕梅科 Hamamelidaceae

叶片及花均为紫红色。园林上常见栽培。

灌丛

花

薜荔 *Ficus pumila* L. 桑科 Moraceae

薜荔

攀缘习性

树形和习性：攀援或匍匐灌木。

枝条：小枝密被黄褐色毛。营养枝节上生不定根，生殖枝无不定根。

叶：叶两型，营养枝的叶卵状心形，长约 2.5cm，薄革质，基部稍不对称，尖端渐尖，叶柄很短；结果枝的叶革质，卵状椭圆形，长 5~10cm，宽 2~3.5cm，先端急尖至钝，基部圆形至浅心形，全缘，叶背被黄褐色柔毛，基生叶脉延长，侧脉 3~4 对，在叶背凸起，网脉甚明显，呈蜂窝状；叶柄长 5~10mm，被黄褐色丝状毛。

花与花序：隐头花序单生叶腋，生瘿花的隐头花序梨形，发育的隐头花序近球形，长 4~8cm，直径 3~5cm，顶部截平。雄花生榕果内壁口部，多数，排为几行，有柄，花被片 2~3；瘿花具柄，花被片 3~4；雌花和瘿花异株，花柄长，花被片 4~5。

果实：榕果幼时被黄色短柔毛，成熟黄绿色或微红；总梗粗短。瘿花果梨形，发育果近球形，成熟黄绿色或微红。

花果期：花果期 5~8 月。

分布：福建、江西、浙江、安徽、江苏、台湾、湖南、广东、广西、贵州、云南东南部、四川及陕西。生于旷野树上或村边残墙破壁上或石灰岩山坡上。

快速识别要点

营养枝生不定根。叶两型，营养枝叶卵状心形；结果枝叶卵状椭圆形，叶背被黄褐色柔毛，侧脉 3~4 对。榕果单生叶腋，瘿花果梨形，发育果近球形，成熟黄绿色或微红。

隐头花序

隐头花序纵切面，示瘿花

聚花果

相近树种识别要点检索

1. 叶两型，营养枝生不定根，叶卵状心形；结果枝无不定根，卵状椭圆形，叶背被黄褐色柔毛，侧脉 3~4 对；叶先端急尖至钝，基部圆形至浅心形。榕果单生叶腋；瘿花果梨形，发育果实球形，有明显短梗 ········**薜荔 *F. pumila***
1. 叶同型。叶披针形至长椭圆形，先端渐尖。花芽和榕果成对着生叶腋。幼枝密被褐色长柔毛。叶背和叶柄被毛。榕果几无梗。
  2. 叶卵状椭圆形，宽 3~4cm，长达 10cm，基部圆形至楔形。侧脉 5~7 对，榕果圆锥形，表面密被褐色柔毛，后脱落。顶生苞片直立 ········**珍珠莲 *F. sarmentosa* var. *henryi***
  2. 叶披针形，宽 1~2cm，长 4~7cm，基部钝，侧脉 6~8 对。榕果球形，幼时被柔毛 ········**爬藤榕 *F. sarmentosa* var. *impressa***

珍珠莲 *Ficus sarmentosa* Buch. - Ham. ex Sm. var. *henryi* (King ex Oliv.) Corner 桑科 Moraceae

叶正面

叶背面

果枝

爬藤榕 *Ficus sarmentosa* Buch. - Ham. ex Sm. var. *impressa* (Champ. ex Benth.) Corner 桑科 Moraceae

植株

枝叶

果枝

单叶↓叶对生 叶全缘

异叶榕 *Ficus heteromorpha* Hemsl. 桑科 Moraceae

植株

树形和习性: 落叶灌木或小乔木, 高 2~5m。

树皮: 灰褐色。

枝条: 红褐色, 节间短。

叶: 叶多形, 有提琴形、椭圆形、椭圆状披针形至长倒卵形; 长达 18cm, 先端渐尖至尾尖, 基部圆形至浅心形。表面粗糙, 触摸有糙感, 北面有钟乳体(小突起), 全缘成微波状至 3 裂, 基生侧脉较短, 侧脉 6~15 对, 红色。叶柄红色。

花与花序: 隐头花序, 雄花和瘿花同生于一隐头花序中。雄花散生内壁, 花被片 4~5; 瘿花花被片 5~6; 雌花花被片 4~5。

果实: 榕果成对生于短枝叶腋, 成集生状, 稀单生, 无总梗, 球形至圆锥形球形, 光滑, 成熟时紫黑色, 有光泽。

花果期: 花期 4~5 月; 果期 5~7 月。

分布: 长江流域中下游及华南地区, 北至陕西、湖北和河南。生沟谷、林内和坡地。

果枝

快速识别要点

落叶灌木。叶多形: 提琴形、椭圆形、椭圆状披针形至长倒卵形; 全缘成微波状至 3 裂。榕果成对在短枝腋生, 无总梗, 球形, 成熟时紫黑色。

枝叶

果实

单叶↓叶对生
叶全缘

相近树种识别要点检索

1. 叶椭圆形至倒卵形, 全缘或 3 裂, 不为掌状开裂。
   2. 叶多形, 有提琴形、椭圆形、至长倒卵形; 全缘成微波状至 3 裂, 侧脉 6~15 对, 红色。榕果成对在短枝腋生, 无总梗, 球形, 成熟时紫黑色·····**异叶榕 *F. heteromorpha***
   2. 叶纸质, 倒卵状椭圆形, 先端短渐尖, 全缘或上部稀有疏齿, 侧脉 5~7 对。榕果单生叶腋, 具总梗, 球形或梨形, 成熟时黄红色至紫黑色·····**天仙果 *F. erecta* var. *beecheyana***
1. 叶宽卵形至近圆形, 掌状 3~5 裂, 裂片具粗钝锯齿。榕果梨形·····**无花果 *F. carica***

天仙果 *Ficus erecta* Thunb. var. *beecheyana* (Hook. et Arn.) King 桑科 Moraceae

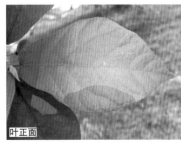

叶正面

果枝

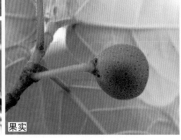

果实

无花果 *Ficus carica* L. 桑科 Moraceae

果枝

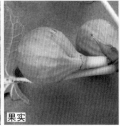

果实

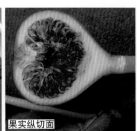

果实纵切面

干燥果实

兴安杜鹃 *Rhododendron dauricum* L. 杜鹃花科 Ericaceae

林下灌丛

树形和习性： 半常绿灌木，高 1~2m；多分枝。
树皮： 淡灰色或暗灰色。
枝条： 小枝细而弯曲，暗灰色；幼枝被毛和腺鳞。
叶： 长圆形至卵状长圆形，长 1~5cm，宽 1~1.5cm，薄革质，背面淡绿色，两面有腺鳞。
花： 1~4 朵生于枝顶，先叶开放；花冠宽漏斗形，紫红色；雄蕊 10，花丝下部有毛，花药紫红色；花柱长于花冠。
果实： 蒴果，短圆柱形，长 1~1.5cm，灰褐色，由先端开裂。
花果期： 花期 4~6 月初；果实成熟期 7 月。
分布： 产黑龙江、吉林、内蒙古。耐干旱、瘠薄土壤，生于山顶石砬子或陡坡蒙古栎 *Quercus mongolica* 林下，为酸性土指示植物。

枝叶

花

单叶互生 叶全缘 单叶↓叶对生

快速识别要点

　　半常绿灌木；幼枝和叶有腺鳞，腺鳞相互覆盖。单叶互生，叶长圆形至卵状长圆形，先端钝圆，全缘，薄革质。花先叶开放，花冠紫红色。蒴果，短圆柱形。

花枝

相近树种识别要点检索

1. 叶和幼枝被腺鳞，叶全缘。
　　2. 常绿或半常绿灌木。叶背腺鳞相互覆盖。
　　　　3. 叶长圆状椭圆形形至窄倒披针形，叶正面深绿色，背面黄绿色；花白色，组成顶生总状花序，夏季开花…………………………………………………………………………………照山白 *Rh. micranthum*
　　　　3. 叶长圆形至卵状长圆形，先端钝圆；花紫红色，1~4 生于枝顶，先叶开放……**兴安杜鹃** *Rh. dauricum*
　　2. 落叶灌木；叶椭圆形至椭圆状披针形，先端渐尖，叶背腺鳞相互不覆盖；花淡红紫色，1~3 生于枝顶，先叶开放…………………………………………………………迎红杜鹃 *Rh. mucronulatum*
1. 叶和枝条被亮棕色糙伏毛，叶卵形、倒卵形至倒披针形，具细齿，叶背淡白色，密被毛。花玫瑰红色至深红色，裂片内有暗红色斑点……………………………………………………………杜鹃 *Rh. simsii*

杜鹃 *Rhododendron simsii* Planch. 杜鹃花科 Ericaceae

植株

枝叶

花

花枝

迎红杜鹃 *Rhododendron mucronulatum* Turcz. 杜鹃花科 Ericaceae

树形和习性：落叶灌木，高达 2m；多分枝。
枝条：老枝灰白色，幼枝红褐色，疏生腺鳞。
叶：常集生枝顶，椭圆形或椭圆状披针形，长 3~7cm，宽 1~3.5cm，先端渐尖，基部楔形或钝，边缘全缘，两面疏生腺鳞。
花：1~5 朵生于枝顶叶腋，先叶开放；花冠宽漏斗形，5 裂，淡紫红色；雄蕊 10，花药孔裂，子房 5 室，密被腺鳞，花柱长于花冠。
果实：蒴果长圆形，长 1~1.5cm，先端 5 开裂。
花果期：花期 4~6 月；果期 5~7 月。
分布：产内蒙古、辽宁、河北、山东、江苏北部等，生山地灌丛。是北方早春开花树种。

枝叶　叶背面　花

花　花解剖　果实

快速识别要点

落叶多分枝灌木；幼枝和叶两面有腺鳞，腺鳞相互不覆盖。叶集生枝顶，椭圆形或椭圆状披针形，先端渐尖，全缘。花先叶开放，花冠宽漏斗状，淡紫红色。蒴果长圆柱形，5 裂，花柱宿存。

照山白 *Rhododendron micranthum* Turcz. 杜鹃花科 Ericaceae

植株　枝叶　花

果枝　幼果　成熟果实

073

越橘 *Vaccinium vitis-idaea* L. 杜鹃花科 Ericaceae

果枝

树形和习性: 半常绿低矮或匍匐灌木,具细长的匍匐根状茎,地上茎高 7~30cm。
枝条: 小枝细,灰褐色,有白色短柔毛;芽椭圆形,淡褐色,有毛。
叶: 密生,椭圆形至倒卵形,长 0.7~2cm,宽 0.4~1cm,先端圆,有凸尖头或凹缺,叶缘反卷,具波状浅钝齿,叶基宽楔形,叶背具腺点状伏生短毛。
花: 短总状花序有花 2~8 朵,生枝顶;花萼 4 裂,花冠坛状,白色或浅红色,4 裂;雄蕊 8;子房下位。
果实: 浆果球形,径 5~10mm,红色,顶端有宿存萼裂片。
花果期: 花期 6~7 月;果实成熟期 8~9 月。
分布: 环北极分布。我国分布于黑龙江、吉林、辽宁、内蒙古、陕西、新疆等地。叶可代茶饮用,果酸甜可食或制饮料。

果枝

笃斯越橘(蓝莓) *Vaccinium uliginosum* L.
杜鹃花科 Ericaceae

果枝

花枝

快速识别要点

　　常绿矮小灌木,具细长的匍匐根状茎。单叶互生,密生,椭圆形至倒卵形,叶缘反卷,具波状浅钝齿,叶背具腺点状伏生短毛。花冠坛状,白或浅红色。浆果球形,红色,顶端有 4 宿存花萼。

相近树种识别要点检索

1. 半常绿矮小灌木,直立或下部平卧。叶密生,椭圆形至倒卵形,边缘反卷,有浅波状钝齿。花序短总状,生于去年生枝顶。浆果球形,红色·······························越橘 ***V. vitis-idaea***
1. 落叶灌木,多分枝。叶散生,倒卵形、椭圆形至长圆形,全缘。花 1~3 朵着生于去年生枝顶叶腋。浆果近球形或椭圆形,蓝紫色,被白粉·······························笃斯越橘 ***V. uliginosum***

柿树 *Diospyros kaki* Thunb. 柿树科 Ebenaceae

树形

树形和习性： 落叶乔木，高达 20m。树冠近圆形或宽卵形。

树皮： 暗灰色，小方块状开裂。

枝条： 枝较粗，被黄褐色绒毛。无顶芽，侧芽扁三角形，芽鳞 2 枚。

叶： 单叶全缘，2 列互生，厚纸质，椭圆状卵形至宽椭圆形，老叶正面深绿色，有光泽，无毛，背面绿色，有绒毛或无毛，叶缘有睫毛，叶柄有柔毛。

花： 花单性，雌雄异株或杂性；雌花单生，雄花 1 至多朵形成聚伞花序；花萼 4 深裂，花后增大，宿存；花冠坛状，黄白色，4 裂。雄花具雄蕊 4~16，两轮，具退化雌蕊。

果实： 大型肉质浆果，成熟后黄或橙黄色，冬天宿存。宿萼木质，肥厚。

花果期： 花期 5~6 月；果期 9~10 月。

分布： 中国特有树种。原产长江流域，现自辽宁西部至长江流域以南各地均有栽培，品种很多。国外许多国家有引种。

叶形

叶片正背面

树干

雌花

幼果

成熟果实

单叶→叶对生　叶全缘

快速识别要点

树皮为小方块状开裂；枝、叶柄、果柄等被灰色或褐色柔毛，侧芽扁三角形。叶 2 列互生，表面有光泽，叶缘有睫毛，常有红色小叶片。花单性，花冠坛状，4 裂，淡黄色。大型肉质浆果，基部有增大宿萼。

相近树种识别要点检索

1. 小枝、叶被毛，芽三角状卵形；叶宽椭圆形至椭圆状卵形，表面有光泽；果大，径 3cm 以上，成熟果实黄或橙黄色……………… **柿树 *D. kaki***

1. 小枝、叶无毛，芽卵形；叶长椭圆形，表面无光泽；果小，径 2cm 以下，成熟果实蓝黑色………… **君迁子 *D. lotus***

君迁子（黑枣）*Diospyros lotus* L. 柿树科 Ebenaceae

树形

叶片正背面

雄花枝

树皮

果实

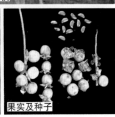
果实及种子

水枸子（多花枸子） *Cotoneaster multiflorus* Bunge 蔷薇科 Rosaceae

植株

树形和习性：落叶灌木，高可达 4m。
枝条：小枝红褐色，常弓形弯曲，幼时被白色绒毛。
叶：单叶互生，卵形或宽卵形，长 2~4cm，宽 1.5~3cm，先端急尖或圆钝，基部圆或宽楔形，表面无毛，叶背和叶柄幼时稍被绒毛，后渐脱落，边缘全缘。
花：聚伞状伞房花序具 5~20 朵花。萼筒钟形，萼片三角形，无毛，花瓣 5，白色，平展，子房下位；总花梗及花梗幼时有毛，后无毛。
果实：梨果近球形或倒卵形，径 0.8cm，成熟时红色，内有 2 个骨质小核。
花果期：花期 5~6 月；果期 8~9 月。
分布：产辽宁、内蒙古、河北、河南西部、山西、陕西、甘肃、宁夏、新疆北部、青海、西藏、云南西北部、四川及湖北西部。

叶片正背面

快速识别要点

　　小枝红褐色，常弓形弯曲，幼枝、花序梗和叶柄被白色绒毛。单叶互生，卵形或宽卵形，边缘全缘，两面无毛。伞房花序具多花，花白色，子房下位。梨果近球形，成熟时红色。

花枝

花

果枝

单叶↓叶对生 叶全缘

相近树种识别要点检索

1. 叶椭圆形或近圆形，不为菱状卵形，果实成熟时红色。
　2. 落叶灌木，直立；小枝细弱，常弓形弯曲；叶椭圆形、卵形或宽卵形；花 5 朵以上⋯⋯⋯⋯⋯水枸子 *C. multiflorus*
　2. 落叶或半常绿匍匐灌木，枝条水平张开成 2 列；叶近圆形或宽椭圆形，稀倒卵形；花 1~2 朵，粉红色⋯⋯⋯⋯
　⋯⋯⋯⋯⋯⋯⋯⋯⋯⋯⋯⋯⋯⋯⋯⋯⋯⋯⋯⋯⋯⋯⋯⋯⋯⋯⋯⋯⋯⋯⋯⋯平枝枸子 *C. horizontalis*
1. 叶片菱状状卵形或长圆状卵形；果实成熟时黑色，倒梨形；花 1~2 朵，粉红色；萼筒外具柔毛⋯⋯⋯⋯⋯⋯
　⋯⋯⋯⋯⋯⋯⋯⋯⋯⋯⋯⋯⋯⋯⋯⋯⋯⋯⋯⋯⋯⋯⋯⋯⋯⋯⋯⋯⋯⋯⋯⋯⋯灰枸子 *C. acutifolius*

灰枸子 *Cotoneaster acutifolius* Turcz. 蔷薇科 Rosaceae

叶片正背面

花枝

成熟果实

平枝枸子 *Cotoneaster horizontalis* Decne. 蔷薇科 Rosaceae

灌丛

花枝

成熟果实

紫荆 *Cercis chinensis* Bunge 苏木科 Caesalpiniaceae

老茎生花

树形和习性：乔木，高达 15m，在北方栽培常呈灌木状。
枝条：枝条灰白色或灰褐色，皮孔明显。
叶：叶近圆形，长 6~13cm，宽 5~14cm，顶端渐尖或急尖，基部心形或近圆形，边缘全缘，掌状 5 出脉。叶柄两端膨大。
花：花先叶开放，5~9 朵簇生；花萼钟状，5 齿裂，花瓣 5，排成假蝶形花冠，紫红色，雄蕊 10，花丝分离，子房具短柄。
果实：荚果扁平带状，沿腹缝线有窄翅；种子 2~8，近圆形。
花果期：花期 3~4 月；果期 8~10 月。
分布：分布广，产华北、西北至华南、西南各地，多栽培，供观赏。

叶片 花

果实

单叶→叶对生
叶全缘

快速识别要点
乔木或灌木状；枝条灰白色，皮孔突出。单叶互生，叶心形，全缘，掌状 5 出脉，叶柄两端膨大。花簇生于老枝上，先叶开放，假蝶形花冠，紫红色。荚果扁平带状，沿腹缝线有窄翅。

骆驼刺 *Alhagi sparsifolia* Shap. ex Keller et Shap. 蝶形花科 Fabaceae

灌丛

树形和习性：半灌木，高 25~40cm。茎直立，具细条纹，从基部开始分枝，枝条平行上升。
枝条：小枝绿色，具花序梗变成的刺。
叶：叶互生，卵形、倒卵形或倒圆卵形，长 8~15mm，先端圆形，具短硬尖，基部楔形，全缘，无毛，具短柄。
花：总状花序，腋生，花序轴变成坚硬刺，刺长于叶 2~3 倍，无毛，具花 3~6 (~8) 朵或无花；花冠深紫红色，旗瓣倒长卵形，先端钝圆或截平，基部楔形，具短瓣柄，翼瓣长圆形，长为旗瓣的 3/4，龙骨瓣与旗瓣约等长，翼瓣较短，其与龙骨瓣皆具长瓣柄和短耳；子房无毛。
果实：荚果为不明显的串珠状，平直或弯曲，不开裂。
种子：种子肾形或近正方形，彼此被横隔膜分开。
花果期：花期 6~7 月；果实成熟期 8~9 月。
分布：产内蒙古、甘肃、青海和新疆。

枝叶 花枝

果枝

果实

快速识别要点
半灌木。茎直立，绿色。单叶互生，卵形、倒卵形或倒圆卵形，全缘，无毛，具花序梗变成的刺。当年生刺具花 3~6 朵；花深紫红色。荚果为串珠状，常弯曲。

沙枣 (桂香柳) *Elaeagnus angustifolia* L. 胡颓子科 Elaeagnaceae

树形

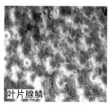

叶片腺鳞

花枝

树形和习性： 落叶乔木或小乔木，高达 6m；树冠长圆形或卵形。
树皮： 紫褐色，纵裂。
枝条： 常具枝刺；小枝密被银白色腺鳞。
叶： 叶互生，叶形多变，披针形至椭圆形，长 3~4 (6~8) cm，宽 1~3cm，先端钝，基部宽楔形或近圆形，两面具银白色腺鳞，下面尤密。
花： 花两性，1~3 朵腋生，黄色，芳香；花萼钟形，4 裂，无花瓣，雄蕊 4，几无花丝，着生于萼筒上部，花柱短，无毛，花盘梨形或圆锥形。
果实： 果椭圆形或近圆形，长 1~2cm，径 0.8~1.1cm，宿存萼筒肉质化，熟时橙黄色，外有鳞斑，果肉粉质。
花果期： 花期 6~7 月；果期 9~10 月。
分布： 产华北西部、内蒙古以及西北各省区，以西北地区的荒漠、半荒漠地带为分布中心。

花

果枝

果核

快速识别要点

落叶乔木，树皮紫褐色，有光泽，常具枝刺；植物体密被银白色腺鳞和星状毛。叶全缘，披针形至椭圆形。花 1~3 朵腋生，有香气，两性，单被，花萼黄色，4 裂。果实核果状，成熟时橙黄色，外有鳞斑，果肉粉质。

相近树种识别要点检索

1. 落叶性，叶片纸质。花黄色或白色。
　　2. 叶无毛或有时有星状毛，密被腺鳞。果实外皮肉质或浆质，无翅状棱脊。
　　　　3. 叶形多变，披针形至椭圆形，植物体各部均被银白色腺鳞；花黄白色，1~3 朵腋生；果熟后粉质，黄色或橙色⋯⋯⋯⋯⋯⋯**沙枣 E. angustifolia**
　　　　3. 叶上面仅幼时具白色腺鳞，后脱落；花白色；果浆质，熟后粉红色至红褐色。
　　　　　　4. 叶椭圆形至卵状椭圆形或倒卵状披针形，叶背、枝条和果实密被白色和少量褐色腺鳞；花 1~7 朵生于新枝基部叶腋内，伞形花序状；果实卵球形⋯⋯⋯⋯⋯⋯**伞花胡颓子 E. umbellata**
　　　　　　4. 叶椭圆形或卵形至倒卵状阔椭圆形，下面具明显褐色腺鳞；枝条和果实密被锈褐色腺鳞；花白色，单生新枝基部叶腋内；果实椭圆形，果柄 5~8mm，长于叶柄⋯⋯⋯⋯⋯⋯**木半夏 E. multiflora**
　　2. 叶卵形至卵状椭圆形，幼枝、叶背、花和果实密被灰绿色星状绒毛和腺鳞。花灰黄绿色，1~3 (~5) 朵生于新枝叶腋；果实核果状，干棉质，具明显 8 条棱脊⋯⋯⋯⋯⋯⋯**翅果油树 E. mollis**
1. 常绿性。叶片革质。花白色至淡白色，下垂⋯⋯⋯⋯⋯⋯**胡颓子 E. pungens**

翅果油树 *Elaeagnus mollis* Diels 胡颓子科 Elaeagnaceae

树形

枝芽

果实

花

叶片正背面和果实

伞花胡颓子 *Elaeagnus umbellata* Thunb. 胡颓子科 Elaeagnaceae

植株

叶片正背面

枝条，示鳞片

花枝

花

果实

单叶↓叶对生
叶全缘

木半夏 *Elaeagnus multiflora* Thunb. 胡颓子科 Elaeagnaceae

枝条

叶片正背面

花枝

果实

胡颓子 *Elaeagnus pungens* Thunb.
胡颓子科 Elaeagnaceae

叶片正背面和果实

叶全缘
单叶↓叶对生

中国沙棘灌丛

中国沙棘 *Hippophae rhamnoides* L. subsp. *sinensis* Rousi 胡颓子科 Elaeagnaceae

植株

单叶→叶对生

叶全缘

树形和习性：落叶灌木或小乔木，高 1~5m。
枝条：老枝灰黑色，粗糙，小枝褐绿色，密被银白色而带褐色的鳞片，常具棘刺。冬芽明显，金黄色或锈色，雄性芽芽大，具明显四棱。
叶：叶互生、近对生或 3 叶轮生，条形或条状披针形，长 2~6cm，宽 0.4~1.2cm，两面均被银白色鳞片，尤以叶背密集；叶柄极短，无托叶。
花：花单性，雌雄异株，花小，淡黄色，单被，花萼囊状，顶端 2 齿裂；雄花无梗，雄蕊 4，先叶开放；雌花单生叶腋，具短梗，花柱短，微伸出花外。
果实：瘦果为肉质的萼筒包围，呈浆果状，扁球形或卵圆形，果径 5~10mm，橘红色或橙黄色。种子 1 粒，硬骨质，卵形，黑褐色，有光泽，表面具一条明显的环状纵沟。
花果期：花期 3~4 月；果熟期 9~10 月。
分布：产华北北部和西部、西北及西南各地，多生于河漫滩地及丘陵河谷地或疏林。

枝叶

叶片正背面

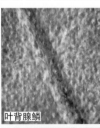
叶背腺鳞

雄花枝

快速识别要点

　　灌木或小乔木，有枝刺；小枝及叶片密被银白色星状毛或腺鳞。叶线形或线状披针形。花单性异株，黄色，花萼 2 裂，密被褐色腺鳞。瘦果浆果状，熟时橘黄色或橘红色。

枝刺

果实

喜树 *Camptotheca acuminata* Decne. 蓝果树科（紫树科）Nyssaceae

树形

树形和习性：落叶乔木，高达30m，树干通直；
树皮：树皮灰色或浅灰色，浅纵裂。
枝条：枝髓大，片状分隔。
叶：叶纸质，卵状椭圆形或长圆形，长10~20cm，宽6~10cm，先端渐尖，基部圆形或宽楔形，全缘或幼树叶具粗锯齿，叶柄常带红色。
花：花杂性同株，顶生或腋生头状花序，常再组成总状复花序，顶生花序具雌花，腋生花序具雄花。花具苞片3枚；花萼5齿裂；花瓣5，卵形，淡绿色；雄蕊10，2轮；子房1室。
果实：瘦果矩圆形，长2~2.5cm，黄褐色，顶端平截，具宿存花盘，聚集成头状果序。
分布：江苏南部、浙江、福建、江西、湖北、湖南、四川、贵州、广东、广西、云南等地。

枝条髓心

花序

叶片正背面　　枝条

果序

快速识别要点

　　落叶乔木。枝髓心片状分隔。单叶互生，叶全缘，叶基楔形；花杂性同株，组成总状复花序，花序无苞片；瘦果长圆形，四周具棱，先端平截，无柄，聚集为头状果序。

黑钩叶（雀儿舌头） *Leptopus chinensis* (Bunge) Pojark. 大戟科 Euphorbiaceae

植株

树形和习性：落叶小灌木，高达3m。
枝条：老枝褐紫色，幼枝绿色或浅褐色，具棱，初被毛，后变无毛。
叶：叶卵形至卵状披针形，长1~4.5cm，宽0.4~2cm；叶柄纤细，长2~8mm。
花：花小，单性，雌雄同株，单生或2~4簇生于叶腋；萼片5，基部合生；雄花花瓣5，白色，具花盘，雌花花瓣退化。
果实：蒴果球形或扁球形，径3~6mm，开裂为3个2裂的分果爿。
花果期：花期3~6月；果期7~9月。
分布：产吉林、辽宁、山东、河南、河北、山西、陕西、湖南、湖北、四川、云南、广西等地。

叶片正背面

叶序

雌花

雄花

果实

快速识别要点
　　落叶低矮小灌木。叶卵形至卵状披针形，叶柄纤细。花小，单性，单生或2~4簇生于叶腋，具花盘。蒴果球形或扁球形，开裂为3个2裂的分果爿。

叶底珠（一叶萩） *Securinega suffruticosa* (Pall.) Rehd. 大戟科 Euphorbiaceae

植株

树形和习性：落叶灌木，高1~3m，多分枝。
枝条：老枝灰色；小枝浅绿色，近圆柱形，有棱槽，有不明显的皮孔，全株无毛。
叶：叶纸质，椭圆形或长椭圆形，稀倒卵形，长1.5~5cm，宽1~2cm，两面无毛，全缘或有不整齐波状齿或细钝齿。
花：花小，单性，雌雄异株，3~12朵簇生于叶腋；单被花，萼片5，卵形，雄花雄蕊5。
果实：蒴果3棱状扁球形，径5mm，红褐色，无毛，3瓣裂。
花果期：花期5~7月；果期8~9月。
分布：产华北、东北、华中、华东、西南地区和西北地区。

叶正面

叶背面

快速识别要点
　　落叶灌木；小枝浅绿色，有棱槽。叶椭圆形或长椭圆形，两面无毛。花小，仅具花萼，黄绿色，单性，簇生于叶腋。蒴果3棱状扁球形。

花枝

果枝

083

算盘子 *Glochidion puberum*（L.）Hutch. 大戟科 Euphorbiaceae

植株

枝叶

树形和习性：落叶灌木，高达 5m。
枝条：茎多分枝，小枝灰褐色，密被黄褐色短柔毛。
叶：叶纸质，叶长圆形至长圆状披针形或倒卵状长圆形，长 3~8cm，宽 1.5~2.3cm，顶端渐尖或急尖，基部楔形至圆形，下面叶脉突出，两面均被长柔毛，下面毛被较密。
花：花小，单性，雌雄同株或异株，2~5 朵簇生叶腋，萼片背面被柔毛，无花瓣，雄花雄蕊 3，雌花子房被绒毛，通常 5 室。
果实：蒴果被柔毛，扁球形，成熟后红色，有 8~10 条纵沟。
花果期：花期 4~9 月；果熟期 7~10 月。
分布：产河南、陕西、甘肃、江苏、安徽、浙江、江西、湖北、湖南、广东、广西、福建、台湾、海南、四川、贵州、云南和西藏等地。

花

果实

种子

快速识别要点
　　落叶灌木；小枝灰褐色，密被黄褐色短柔毛；叶长圆形至倒卵状长圆形，下面羽状脉突出，两面有长柔毛。花小，单性，簇生叶腋。蒴果被柔毛，扁球形，有 8~10 条明显的纵沟。

单叶→叶对生　叶全缘

乌桕（蜡子树） *Sapium sebiferum*（L.）Roxb. 大戟科 Euphorbiaceae

树形

树形和习性：落叶乔木，高 15~20m，胸径可达 1m；树冠近圆球形。植株体无毛，具白色乳汁。
树皮：树皮幼时灰白色，成年黑褐色，粗糙而厚，浅纵裂。
枝条：小枝细，淡灰黄色，老枝色较深，具皮孔。
叶：叶菱形、菱状卵形或稀有菱状倒卵形，长 5~7cm，顶端尾状长渐尖，基部宽楔形或钝，全缘；叶柄细长，顶有 2 腺体；秋天叶变红色。
花：花黄绿色，单性，雌雄同株，无花瓣及花盘，组成顶生总状花序，雄花数朵于一苞片内生于花序顶端，雌花单生于花序基部的苞腋内。
果实：果扁球形，径约 1.5cm，熟时黑褐色，室内室背同时开裂，果皮脱落；种子 3，近圆形，黑色，外被白蜡，固着于中轴上经冬不落。
花果期：花期 6~7 月；果期 9 月~10 月。
分布：主产黄河流域以南各地区。

树皮

叶片正背面

花枝

雌花和雄花

果实

开裂果实

种子

快速识别要点
　　植株体无毛，具白色乳汁。叶菱形或菱状卵形，全缘；叶柄顶有 2 腺体。蒴果扁球形，熟时黑褐色，室内室背同时开裂，果皮脱落；种子 3，外被白蜡，固着于中轴上经冬不落。

灰毛黄栌 *Cotinus coggygria* Scop. var. *cinerea* Engl. 漆树科 Anacardiaceae

树形

单叶→叶对生
叶全缘

树形和习性：落叶灌木或小乔木，高 3~5m；树冠近圆形。
树皮：暗褐色，浅纵裂。
枝条：小枝紫褐色或灰褐色，髓心黄褐色，被绒毛。
叶：叶互生，倒卵形或卵圆形，长 3~8cm，宽 2.5~6cm，先端圆形或微凹，基部圆形或宽楔形，全缘，两面被灰色柔毛，背面尤甚；叶片秋季变红。
花：顶生圆锥花序，被柔毛；花杂性，小，淡绿色，仅少数发育，不孕花花梗延长，被红色长柔毛，后变灰色；花 5 基数，花盘 5 裂，雄蕊 5，较花瓣短，心皮 3，子房偏斜。
果实：核果扁肾形，长约 0.45cm，无毛。
花果期：花期 4~5 月；果期 6~7 月。
分布：产我国河北、山东、河南、湖北、四川等地；间断分布于东南欧。为著名的观叶树种。

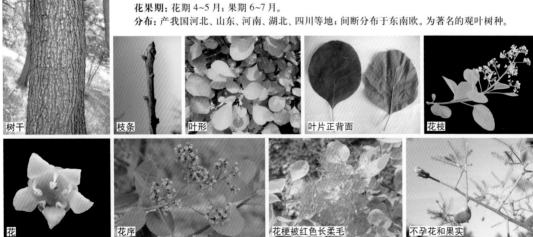

树干　　枝条　　叶形　　叶片正背面　　花枝

花　　花序　　花梗被红色长柔毛　　不孕花和果实

快速识别要点

叶倒卵形、圆形或卵圆形，全缘，两面被灰色柔毛。顶生圆锥花序，不孕花花梗延长，被红色长柔毛，后变灰色。核果扁肾形，果梗被疏毛。

白刺（小果白刺）　*Nitraria sibirica* Pall.　蒺藜科　Zygophyllaceae

植株

树形和习性: 落叶灌木, 高 0.5~1m, 多分枝。

枝条: 枝铺散, 多弯曲, 小枝灰白色, 顶端刺化。

叶: 单叶, 叶在嫩枝上多为 4~8 簇生, 肉质, 倒卵状匙形, 长 0.6~1.5cm, 宽 2~5mm, 全缘, 顶端圆钝, 具小突尖, 基部窄楔形, 无柄。托叶细小、锥尖。

花: 聚伞花序顶生; 花小, 白色, 萼片 5, 肉质, 花瓣 5, 雄蕊 10~15, 子房 3 室, 每室有 1 胚珠。

果实: 核果近球形或椭圆形, 两端钝尖, 长 6~8mm, 熟时暗红色, 果汁暗蓝紫色; 果核卵形, 先端尖, 长约 4~5mm。

花果期: 花期 5~6 月; 果期 7~8 月。

分布: 产西北、华北、东北地区。蒙古、俄罗斯也有分布。

　　唐古特白刺 *Nitraria tangutorum* Bobr. 主要识别要点为: 叶 2~3 簇生, 宽倒披针形或长椭圆状匙形, 长 1.8~2.5cm, 宽 3~6mm; 花黄白色; 核果卵形, 长 8~12mm。产西藏和西北各地区。

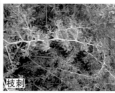
枝刺

花

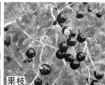
果枝

果实

单叶↓叶对生
叶全缘

快速识别要点

　　多分枝小灌木; 枝灰白色, 顶端刺化。叶肉质, 倒卵状匙形, 在嫩枝上多为 4~8 簇生。聚伞花序顶生; 花小, 白色。浆果状核果, 熟时暗红色。

蚂蚱腿子　*Myripnois dioica* Bunge　菊科　Asteraceae

植株

树形和习性: 落叶灌木, 株高 50~80cm, 枝条开展, 呈扫帚状。

枝条: 当年生枝紫褐色或灰色, 被短柔毛, 老枝黄褐色或灰色。

叶: 单叶互生, 全缘, 三出脉, 生于短枝上的叶椭圆形或近长圆形, 生于长枝上的叶卵形或卵状披针形, 长 2~5cm, 宽 0.5~2cm, 两面近无毛。

花: 头状花序, 单生于侧生短枝顶端, 花先叶开放, 总苞片 1 层, 近等长, 每个花序含 4~9 朵花, 两性花和雌花异株; 两性花花冠管状, 白色, 雌花舌状, 淡紫色, 聚药雄蕊, 子房下位, 密被毛。

果实: 瘦果长圆形或圆柱形, 长约 5mm, 具 10 条纵棱, 冠毛多数, 长约 8mm。

花果期: 花期 4 月; 果期 5~6 月。

分布: 华北特有种, 生于海拔 200~1600m 山坡、沟谷、林缘等立地。能形成密集的灌木丛, 具有良好的保土持水作用。

枝叶

叶正面

两性花

两性花

雌花

未成熟果实

花枝

成熟果实

快速识别要点

　　落叶小灌木。单叶互生, 全缘, 三出脉。头状花序, 花先叶开放, 两性花 (不孕) 和雌花异株; 两性花白色, 雌花淡紫色; 瘦果长圆形, 冠毛白色。

宁夏枸杞 *Lycium barbarum* L. 茄科 Solanaceae

植株

树形和习性： 落叶灌木，株高可达 2.5m；野生者树形多开展，栽培者圆形。

枝条： 分枝细密，灰白色或灰黄色，有不生叶的短棘刺和生叶、花的长棘刺。

叶： 单叶互生，在短枝上簇生，全缘，长椭圆状披针形或披针形，长 2~3cm，宽 4~6mm。

花： 花一至数朵腋生或簇生于短枝上；花萼通常 2 裂；花冠漏斗状，淡紫色，先端 5 裂，雄蕊 5，与花冠裂片互生。

果实： 浆果形状及大小多变化，通常宽椭圆形，长 10~20mm，径 5~10mm，红色至橙黄色；种子近肾形。

花果期： 花期 5~8 月；果期 7~10 月。

分布： 产北方各地，以宁夏、内蒙古较多，我国中部、南部不少省（区）也有引种栽培。果实可食，为传统的滋补药品；根皮称"地骨皮"亦入药。可作庭院绿化、沙地造林、水土保持树种。

花

果实

枝叶

单叶→叶对生 叶全缘

快速识别要点

落叶灌木，具枝刺。单叶互生，在短枝上簇生，长椭圆状披针形或披针形，全缘；花萼 2 裂，花冠漏斗状，5 裂，紫色；小浆果，红色至橙黄色。

相近树种识别要点检索

1. 叶披针形。果实成熟后红色或橙黄色；枝刺常生叶和花，稀无刺。
 2. 花萼通常 2 中裂；花冠裂片边缘无缘毛；叶长椭圆状披针形或披针形⋯⋯⋯⋯⋯⋯⋯宁夏枸杞 *L. barbarum*
 2. 花萼通常 3~5 齿裂；花冠裂片边缘具缘毛；叶菱状披针形或卵状披针形⋯⋯⋯⋯⋯⋯⋯枸杞 *L. chinense*
1. 叶肉质，条形或几乎圆柱形。果实成熟后紫黑色；枝刺无花叶⋯⋯⋯⋯⋯⋯⋯黑果枸杞 *L. ruthenicum*

黑果枸杞 *Lycium ruthenicum* Murr. 茄科 Solanaceae

植株

花

果实

枸杞 *Lycium chinense* Mill. 茄科 Solanaceae

花枝

花

果实

早园竹 *Phyllostachys propinqua* McClure 禾本科 Poaceae

植株

树形和习性：秆高 10m，径 5cm，秆中部节间长 25~38cm。幼秆蓝绿色，节下被白粉。秆环、箨环微隆起。笋淡紫褐色，有紫黑色斑点。箨鞘淡紫褐色，有白粉，上部紫棕色斑点较稀，下部密集，无毛；无箨耳和繸毛；箨舌淡紫色，顶端弧形突起，具褐色纤毛。

箨叶：带状，外面带紫色，反曲；小枝有叶 3~5，叶长 7~16cm，叶舌显著突出，先端有缺裂，叶背基部中脉有细毛。

笋期：笋期 4~6月。

分布：分布于黄河至长江流域，辽宁、河北、北京等地引栽。耐寒，适应性强，是华北园林中栽培观赏的主要竹种。

单轴散生

快速识别要点

地下茎单轴散生；秆圆筒形，一侧有槽，每节分枝 2。小枝有叶 3~5，叶舌显著突出，先端有缺裂。

秆

秆

枝

叶

相近树种识别要点检索

1. 秆箨有箨耳和繸毛。箨舌宽短，强隆起为尖拱形，边缘具粗长纤毛；新秆密被毛和被白粉；箨鞘密被毛；箨叶长三角形至披针形，绿色。小枝具 2~3 叶，叶舌隆起·····································**毛竹 *Ph. edulis***

1. 秆箨无箨耳和繸毛。箨舌先端弧形，具细齿或微波状；箨叶带状，背面带紫色，平直，反曲；新秆蓝绿色，节下被白粉。箨鞘有白粉，无毛。小枝有叶 3~5，叶舌显著突出，先端有缺裂·····**早园竹 *Ph. propinqua***

毛竹 *Phyllostachys edulis* (Carr.) J. Houz. 禾本科 Poaceae

毛竹林

当年生竹竿被白粉

花序

花

笋

示箨壳、箨叶和箨耳

种子

鹅掌楸 *Liriodendron chinense* (Hemsl.) Sarg. 木兰科 Magnoliaceae

树形

树形和习性: 落叶乔木, 高达 40m, 胸径 1m 以上; 树冠阔卵形。
树皮: 灰褐色, 平滑或粗糙。
枝条: 小枝灰色或灰褐色。托叶 2 枚, 基部相连, 脱落后在枝条上留下环状托叶痕。
叶: 叶倒马褂形, 长 (4~) 6~12 (18) cm, 先端截形或微凹, 两侧向中部缩入, 各具 1 裂片, 老叶背面有乳头状白粉点。
花: 花两性, 黄绿色, 单生枝顶, 径约 5~6cm; 花被片 9, 外轮 3 片绿色, 萼片状, 向外开展, 内两轮 6 片直立, 长 3~4cm, 外面绿色, 具黄色纵条纹; 花托隆起呈纺锤状。
果实: 聚合果纺锤形, 长 7~9cm; 小坚果木质, 长约 6mm, 顶端延伸成翅, 熟时自中轴脱落, 中轴宿存。种子具薄而干燥的种皮。
花果期: 花期 5 月; 果期 8~10 月。
分布: 产长江以南及西南地区, 北方常见栽培。是世界珍贵的观赏树种。

树皮

托叶

托叶痕

叶片正背面

花枝

花

翅果从中轴脱落

叶有锯齿、裂片

单叶↓叶对生

快速识别要点

叶倒马褂形, 先端平截, 两侧各具 1 裂片; 托叶 2 枚, 基部围绕枝条靠合。花单生枝顶, 花被片 9, 两内轮 6 片黄绿色, 外轮 3 片萼片状。聚合翅果, 熟时自中轴脱落。

杂种鹅掌楸 *Liriodendron chinense* (Hemsl.) Sarg. × *L. tulipifera* L. 木兰科 Magnoliaceae

花枝

花

果实

鹅掌楸 *Liriodendron chinense* (Hemsl.) Sarg. 和北美鹅掌楸 *L. tulipifera* L.的杂交种, 形态介于二者之间, 在同一株树上, 叶片两侧的裂片既有一对, 也有两对。

北五味子 *Schisandra chinensis* (Turcz.) Baill. 五味子科 Schisandraceae

植株

树形和习性: 落叶木质藤本。

枝条: 嫩枝茎皮红褐色,老枝灰褐色,薄片状剥落;枝无顶芽,侧芽单生或并生。

叶: 叶具肉质感,互生,椭圆形或倒卵形,长5~9cm,宽2.5~5cm,边缘有疏齿;叶柄细长,常带红色。

花: 花单性,雌雄异株,单生叶腋或有时簇生;同被花,白色或粉红色;雄花具5~6雄蕊,花丝极短;雌花具心皮17~40,分离。

果实: 聚合浆果红色,因花托伸长排成穗状,下垂。

花果期: 华北地区花期2月中下旬至3月上旬;果期8月。

分布: 产东北、西北、华北及华中地区,垂直分布海拔500~1800m。果实是著名中药;茎可作调味香料。

叶正面

叶缘锯齿

花

聚合浆果

快速识别要点

落叶木质藤本。叶具肉质感,椭圆形或倒卵形,边缘有疏齿,齿尖骨质;叶柄常带红色。聚合浆果红色,因花托伸长排成穗状,小浆果球形。

成熟果实

黑老虎(冷饭团) *Kadsura coccinea* (Lem.) A.C. Smith 五味子科 Schisandraceae

雄株、雄花

果序

成熟果实

快速识别要点

常绿藤本,叶革质,长圆形至卵状披针形;聚合果近球形,成熟时红色或暗紫色。

细叶小檗 *Berberis poiretii* Schneid. 小檗科 Berberidaceae

植株

树形和习性：落叶灌木，高 1~2m，多分枝。

枝条：老枝灰褐色，小枝红紫色，有沟槽，具短小由叶片变异形成的叶刺。

叶：叶互生或簇生于短枝上，狭倒披针形，长 1.5~4cm，宽 0.5~1cm，全缘或中上部有锯齿，两面无毛，叶基常下延。秋季常变红。

花：总状花序；花两性，黄色，花瓣腹面基部具 2 腺体，花药瓣裂，雌蕊 1 心皮。

果实：浆果椭圆形，长约 0.6cm，红色，具宿存花柱，内有 1 粒种子。

花果期：花期 5~6 月；果期 8~9 月。

分布：产东北、华北等山区，常生于海拔 200~2000m 山坡灌丛。

花枝

果实

快速识别要点

落叶多分枝小灌木；枝灰褐色，具单一叶刺。叶狭倒披针形，全缘或中上部有细刺齿。总状花序；花黄色，花瓣腹面基部具 2 腺体。浆果椭圆形，红色，具宿存花柱。

相近树种识别要点检索

1. 叶常具细刺齿。花排成总状花序。浆果具宿存花柱
　　2. 叶刺常单一不分叉；叶片倒披针形，全缘或中上部有细刺齿 ·············· 细叶小檗 *B. poiretii*
　　2. 叶刺三分叉；叶倒卵状椭圆形，叶缘具刺齿 ························· 大叶小檗 *B. amurensis*
1. 叶全缘，匙形至倒卵形。叶刺常单一。花单生、几朵簇生或成具总梗的伞形花序。浆果无宿存花柱 ·············
　　·· 日本小檗 *B. thunbergii*

大叶小檗（黄芦木）*Berberis amurensis* Rupr. 小檗科 Berberidaceae

植株

叶刺

果枝

花枝

花枝

日本小檗 *Berberis thunbergii* DC. 小檗科 Berberidaceae

植株

花枝

花　枝叶　果枝　成熟果实

紫薇 *Lagerstroemia indica* L. 千屈菜科 Lythraceae

树形

树形和习性：落叶灌木或小乔木，高7m。
树皮：树皮平滑，灰色或灰褐色。
枝条：枝干多扭曲，小枝纤细，4棱。
叶：叶互生或有时对生，椭圆形、倒卵形至长圆形，长2.5~7cm，宽1.5~4cm，先端短尖或钝，基部圆形或阔楔形，边缘全缘；无柄或叶柄很短。
花：顶生圆锥花序，长6~20cm。萼外6裂；花瓣6，多为鲜红色或粉红色，常为皱缩状，基部具长爪，雄蕊多数，子房3~6室。
果实：蒴果，木质，椭圆状球形，室背开裂。种子多数，先端有翅。
花果期：花期7~9月；果期9~12月。
分布：产四川、湖南、湖北、江西、江苏、安徽、浙江、福建、台湾、广东及广西。日本也有分布。花色艳丽，花期长，为夏季著名的观赏花木。

树干

叶片正背面　花序　花　果实

快速识别要点

　　树皮平滑。叶椭圆形至长圆形。顶生圆锥花序，花瓣6，多为红色或粉红色，皱缩状，基部具长爪。蒴果近球形，光滑，室背开裂；种子具翅。

水青树 *Tetracentron sinense* Oliv. 水青树科 Tetracentraceae

树冠

树形和习性：落叶大乔木，高达 40m，胸径 1~1.5m。
树皮：树皮灰褐色，老时片状剥落。
枝条：幼时紫红色，具长短枝；长枝细长，下垂，短枝距状。
叶：单叶，常生于短枝顶端，宽卵形或椭圆状卵形，长 7~10cm，宽 5~8cm，先端渐尖，基部心形，具钝锯齿，无毛，下面微被白粉，掌状脉 5~7；叶柄长 2~3cm。
花：花小，黄绿色，两性，单被花，4 基数，组成穗状花序生于短枝顶端，下垂；花常 4 朵一组簇生于花序轴上。
果实：蓇葖果 4 深裂，棕色；种子长 2~3mm，条状长圆形，有棱脊。
花果期：花期 6~7 月；果期 8~9 月。
分布：产于西北（甘肃南部和陕西南部）、华中至西南地区；生于海拔 1000~3000m 山地常绿阔叶林中或林缘。

短枝

叶片正背面

花序

快速识别要点

　　落叶乔木；树皮灰褐色。叶单生于距状短枝顶端，宽卵形或椭圆状卵形，叶缘具钝齿，基部心形，掌状脉 5~7。花小，黄绿色，穗状花序生于短枝顶端，下垂。蓇葖果 4 深裂。

花

领春木 *Euptelea pleiosperma* Hook.f. et Thoms. 领春木科 Eupteleaceae

树形

树形和习性：落叶乔木，高达 15m。
树皮：树皮紫黑或褐灰色，小块状开裂。
枝条：有长短枝之分，小枝紫黑色或灰色，无毛，具散生椭圆形皮孔；芽卵形，芽鳞深褐色，光亮。
叶：叶纸质，卵形、近圆形或椭圆状披针形，长 5~14cm，先端渐尖至尾尖，基部楔形至宽楔形，中上部疏生锯齿，近基部全缘，侧脉 6~11 对，叶背面无毛或脉腋具簇生毛；叶柄长。
花：花小，先叶开放，两性，6~12 朵簇生叶腋，每花单生苞片腋部。花具梗，无花被，雄蕊 6~18，花药条形，红色，花丝与花药等长或短，心皮 8~18，离生。
果实：聚合翅果 6~12，簇生，褐色，不规则倒卵形，先端圆，花柱一侧凹缺；果柄细长。
花果期：花期 4~5 月；果期 7~10 月。
分布：产河北、河南、陕西、甘肃、安徽、浙江、江西、湖北、湖南、贵州、云南、四川、西藏等地，生于溪边或林缘。为国家保护植物。

枝叶

叶片正背面及果实

雄花

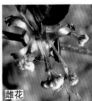
雌花

快速识别要点

　　落叶乔木；冬芽深褐色，光亮。叶卵形或近圆形，先端渐尖至尾尖，基部楔形，侧脉平直。聚合翅果簇生，不倒卵形，花柱一侧凹缺；果柄细长。

二球悬铃木（英国梧桐）*Platanus acerifolia* Willd. 悬铃木科 Platanaceae

果枝

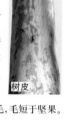
树皮

树形和习性：落叶乔木，高达 20m，胸径 60cm；树冠圆形或阔卵形。
树皮：树皮灰白色，大片状剥裂。
枝条：幼枝密被星状毛。枝无顶芽，侧芽为柄下芽，生于帽状的叶柄基部内，芽鳞 1 枚。枝条具环状托叶痕。
叶：单叶互生，掌状 3~5 深裂，长 10~24cm，宽 12~25cm，顶端渐尖，基部截形至心形，中央裂片长略大于宽，全缘或有粗齿；叶柄长 3~10cm；托叶衣领状，长大于 1cm，脱落后在枝上留有环状托叶痕。
花：单性花同株，头状花序球形；花 4 数。雄花序黄绿色，雄花有雄蕊 3~7；雌花序紫红色，雌花有 3~8 个离生心皮。
果实：聚花果球形，常 2 球串生；小坚果倒圆锥形，具棱，基部围有长毛，毛短于坚果。
花果期：花期 4~5 月；果期 9~10 月。
分布：原产欧洲和亚洲西部。中国栽培历史悠久，据记载晋代已传入中国。各地作行道树栽培。

叶柄下芽 托叶

雌花序

快速识别要点

　　树皮灰白色，大片状剥裂；幼枝被星状毛，具柄下芽，芽鳞 1 枚。叶片掌状 3~5 裂；托叶衣领状，脱落后在枝上留有环状托叶痕。聚花果球形，常 2 球一串，小坚果基部有长毛，短于坚果。

叶片正背面

相近树种识别要点检索

1. 树皮灰白色，大片状剥落；叶掌状 3~7 深裂，中裂片长大于或略大于宽；果序 2 至多个串生。
　　2. 果序常 2 个串生，坚果之间的毛不突出；叶中裂片长略大于宽 ·················二球悬铃木 *P. acerifolia*
　　2. 果序常 3 至多个串生，坚果之间有突出的绒毛；叶中裂片长大于宽 ·················三球悬铃木 *P. orientalis*
1. 树皮灰褐色，小片状开裂；叶掌状 3 浅裂，中裂片宽大于长；果序常单生 ·················一球悬铃木 *P. occidentalis*

一球悬铃木（美国梧桐）*Platanus occidentalis* L. 悬铃木科 Platanaceae

环状托叶痕　柄下芽　美国梧桐(左)和英国梧桐(右)叶比较
树皮　雄花序　雌花序　果实

三球悬铃木（法国梧桐）*Platanus orientalis* L. 悬铃木科 Platanaceae

树形

树皮　叶　果枝

枫香树 *Liquidambar formosana* Hance 金缕梅科 Hamamelidaceae

枫香树与栓皮栎混交

树皮

树形和习性: 落叶乔木, 高达 30m。
树皮: 幼树树皮灰褐色, 光滑, 老树树皮黑褐色, 方块状开裂。
枝条: 小枝灰褐色, 被柔毛, 略有皮孔。
叶: 单叶, 薄革质, 阔卵形, 掌状 3 裂, 裂片具锯齿, 中央裂片较长, 先端渐尖, 两侧裂片平展, 基部心形, 叶初被毛, 后脱落, 掌状脉 3~5; 叶柄长达 11cm, 托叶线形, 长 1~1.4cm, 红褐色, 被毛, 早落。
花: 花单性, 雌雄同株; 雄花无花被, 雄蕊多数, 组成头状花序, 再排成总状, 每头状花序具 4 苞片; 雌花无花瓣, 25~40 成头状花序, 萼齿 5, 钻形, 花后增大, 子房半下位, 2 室。
果实: 头状果序球形, 木质, 直径 3~4cm, 蒴果下半部藏于花序轴内, 有宿存花柱及针刺状萼齿。种子多数, 褐色, 有窄翅。
花果期: 花期 3~4 月; 果期 10 月。
分布: 产我国秦岭及淮河以南各省, 北起河南、山东, 东至台湾, 西至四川、云南及西藏, 南至广东; 亦见于越南北部、老挝及朝鲜南部。

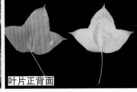
叶片正背面

花序

果实

快速识别要点

落叶乔木。叶掌状 3 裂, 裂片上具锯齿, 锯齿展开, 先端不向叶面凸起, 基部心形。果序球形, 木质, 外被宿存花柱及针刺状萼齿。

缺萼枫香树 *Liquidambar acalycina* Chang 金缕梅科 Hamamelidaceae

枝叶

叶形及锯齿

果实

缺萼枫香树与枫香树的区别为: 雌花无萼齿。叶裂片边缘锯齿向叶面弯曲向上, 先端凸起呈腺点状。蒴果仅有宿存花柱, 无宿存花萼。

牛鼻栓 *Fortunearia sinensis* Rehd. et Wils. 金缕梅科 Hamamelidaceae

果枝

树形和习性: 落叶灌木至小乔木, 高达 5m。
树皮: 裸芽和小枝被星状毛。
枝条: 幼枝被灰褐色星状毛, 老枝光滑, 灰褐色, 稀有皮孔。
叶: 叶互生, 倒卵形至倒卵状椭圆形, 先端尖, 基部圆形或宽楔形, 具锯齿; 托叶早落。
花: 花单性或杂性, 顶生总状花序, 基部具叶片; 两性花萼 5 齿; 花瓣 5, 针形或披针形; 雄蕊 5, 花丝极短; 子房半下位, 2 室; 花柱线形。雄花组成葇荑花序, 基部无叶片。
果实: 蒴果木质, 具突起的褐色皮孔, 具柄, 宿存花柱直伸。种子长卵形, 种皮骨质。
花果期: 花期 3~4 月; 果期 7~8 月。
分布: 产河南、陕西、江苏、安徽、浙江、福建、江西、湖北、四川等地。树形优美, 可作用于园林绿化, 是良好的绿篱树种。

雌花序

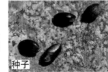
雄花序

种子

快速识别要点

裸芽、小枝及叶被星状毛。叶互生, 倒卵形至倒卵状椭圆形, 具锯齿, 常有虫瘿。花单性或杂性, 顶生总状花序, 基部具叶片; 蒴果木质, 具突起的褐色皮孔, 具柄。

山白树 *Sinowilsonia henryi* Hemsl. 金缕梅科 Hamamelidaceae

树形

树形和习性： 落叶小乔木或灌木状，高达 10m。
树皮： 树皮灰白色。
枝条： 嫩枝被灰黄色星状绒毛，老枝秃净，略有皮孔；裸芽。
叶： 叶互生，纸质或膜质，倒卵形，稀椭圆形，长 10~18cm，宽 6~10cm，顶端锐尖，基部圆形或浅心形，边缘生小锯齿，下面密生星状柔毛，网脉明显；托叶条形。
花： 花单性，雌雄同株，无花瓣；雄花排列呈穗状花序状，萼筒壶形，雄蕊 5，与萼齿对生；雌花组成总状花序，退化雄蕊 5，子房上位，有星状毛，2 室。
果实： 果序长达 20cm，有灰黄色毛；蒴果卵圆形，有星状毛，长 1cm，为宿存萼筒包裹。
花果期： 花期 5 月；果期 8~9 月。
分布： 分布于河南、湖北西北部、陕西、甘肃南部、四川等，生于海拔 1200m 以上的山沟或山坡杂木林中。为国家重点保护树种。

枝叶

果序

快速识别要点

植株被星状绒毛，裸芽。叶倒卵形，密生细锯齿。花单性，雌雄同株，无花瓣。蒴果卵圆形，为宿存萼筒包裹，果序长。

单叶→叶对生 叶有锯齿、裂片

杜仲 *Eucommia ulmoides* Oliv. 杜仲科 Eucommiaceae

树形

树形和习性： 落叶乔木，高达 20m，胸径达 1m；树冠阔卵形；植物体各部具白色胶丝。
树皮： 树皮灰色，粗糙。
枝条： 小枝无毛，无顶芽，侧芽卵圆形，灰褐色；髓心片状。
叶： 椭圆形或椭圆状卵形，长 6~18cm，羽状脉，先端渐尖，叶缘具锯齿，上面皱，幼叶下面脉上有毛。
花： 单性，雌雄异株，先叶开放或与叶同放；无花被；雄花簇生于苞腋内，雄蕊 8 (6~10) 枚；雌花单生于苞腋，子房上位，扁平，柱头 2 裂。
果实： 翅果扁平，长椭圆形，长 3~4cm，宽约 1cm，无毛，顶端微凹；果翅位于周围，熟时棕色或黄褐色。种子 1 枚。
花果期： 花期 3~4 月；果成熟期 10 月。
分布： 华北、西北、华中、西南等地区广泛栽培。野生分布中心为中国中部地区。树皮入药，为贵重中药材；叶色深绿，树冠浓郁，是优良的绿化树种。

树皮

髓心

叶

果实及胶丝

叶正背面

快速识别要点

植株具白色胶丝。落叶乔木，树皮灰白色；枝具片状髓。叶椭圆形或椭圆状卵形，表面皱。花单性，雌雄异株，无花被，雄蕊 8。翅果扁平，扁长椭圆形，顶端微凹。

雄花

雌花

榆（白榆） *Ulmus pumila* L. 榆科 Ulmaceae

树形

树形和习性：落叶乔木，高达 25m，胸径 150cm；树冠近圆形。
树皮：深灰色，深纵裂。
枝条：小枝纤细，灰色，无毛或微被毛；冬芽球形。小枝和芽 2 列排列。
叶：2 列互生，长卵形至卵状椭圆形，薄革质，长 2~8cm，宽 1.5~2.5cm；羽状脉直达叶缘，侧脉 9~16 对；叶缘常具单锯齿，叶基部常稍偏斜。托叶早落。
花：花两性，簇生于去年生枝叶腋，先叶开放；花萼 4 裂，雄蕊 4，花丝细长，超出萼筒，花药紫色。
果实：翅果近圆形，长 12~18mm，近无毛，成熟时白色；种子位于果翅近中部，有时略偏上。
花果期：花期 3~4 月；果期 5~6 月。
分布：产东北、华北、西北及华东地区，为中国北方习见树种之一。木材有韧性，耐磨损，可供建筑、家具等用材；为北方轻度盐碱和干旱瘠薄地区水土保持、四旁绿化优良树种。

树皮

枝叶

花簇生

快速识别要点

　　树干深纵裂。单叶 2 列互生，羽状脉直达叶缘，单锯齿，基部常偏斜。花簇生，单被，花萼 4 裂；早春开花。翅果扁平，近圆形。

果枝及果实

果枝

相近树种识别要点检索

1. 叶先端不裂。
 2. 叶缘单锯齿；叶光滑或微被毛，长卵形至卵状椭圆形；小枝及萌发枝无木栓翅。
  3. 叶薄革质，长卵形至卵状椭圆形；小枝无毛；树皮纵裂；春季开花，翅果大，近圆形……………榆 *U. pumila*
  3. 叶厚革质，椭圆形；小枝有毛；树皮不规则片状剥裂；秋季开花，翅果小，椭圆形…………榔榆 *U. parvifolia*
 2. 叶缘重锯齿；叶被毛，稀光滑，叶片常粗糙，稀平滑，倒卵形；小枝及萌发枝常有木栓翅。
  4. 小枝及萌发枝常具 2 条规则木栓翅；叶两面具短硬毛，触摸有粗糙感，叶先端短尾尖…………
   ……………………………………………………………………………………**大果榆 *U. macrocarpa***
  4. 小枝及萌发枝常具 4 条不规则木栓翅；叶背有毛，表面粗糙或平滑，叶先端渐尖，常为尾尖……
   ……………………………………………………………………………………**春榆 *U. propinqua***
1. 叶先端通常 3~7 裂，叶面密生硬毛，粗糙，叶背密被柔毛，基部明显偏斜；树皮浅纵裂，常呈薄片状剥落，幼枝被柔毛，老枝光滑，翅果宽椭圆形，无毛…………………………裂叶榆 *U. laciniata*

榔榆 *Ulmus parvifolia* Jacq. 榆科 Ulmaceae

树皮

小枝

叶片正背面及果实

花枝

单叶→叶对生
叶有锯齿、裂片

大果榆 *Ulmus macrocarpa* Hance 榆科 Ulmaceae

树形

树皮

树形和习性: 落叶乔木,高达25m,胸径150cm;树冠近圆形。

树皮: 深灰色,纵裂。

枝条: 小枝纤细,灰色,无毛或微被毛;冬芽球形。

叶: 2列互生,椭圆形或长卵形,薄革质,长2~8cm,宽1.5~2.5cm;羽状脉直达叶缘,侧脉9~16对;叶缘常具单锯齿,叶基部常稍偏斜。

花: 花两性,簇生于去年生枝叶腋,先叶开放;花萼4裂;雄蕊4,花丝细长,超出萼筒,花药紫色。

果实: 翅果近圆形,长12~18mm,近无毛,成熟时白色;种子位于果翅近中部有时略偏上至缺口处。

花果期: 花期3~4月;果期5~6月。

分布: 产东北、华北、西北及华东地区,为中国北方习见树种之一。木材有韧性,耐磨损,可供建筑、家具等用材;为北方轻度盐碱和干旱瘠薄地区水土保持、"四旁"绿化优良树种。

木栓翅

果枝

叶及果实

快速识别要点

树冠近圆形。叶2列互生,羽状脉直达叶缘,基部常偏斜。花簇生,单被,花萼4裂;早春开花。翅果扁平,近圆形。

春榆 *Ulmus propinqua* Koidz. 榆科 Ulmaceae

树形

枝叶

叶片正背面

枝具4条木栓翅

果枝

裂叶榆 *Ulmus laciniata* (Trautv.) Mayr 榆科 Ulmaceae

枝叶

树皮

叶片正背面

果实

098

叶有锯齿、裂片
单叶 → 叶对生

青檀

刺榆 *Hemiptelea davidii* (Hance) Planch. 榆科 Ulmaceae

枝刺

树形和习性: 落叶小乔木, 高可达 10m, 有时呈灌木状。
树皮: 暗灰色, 深纵裂。
枝条: 小枝被白色短柔毛, 具坚硬的长枝刺, 刺长可达 10cm; 冬芽卵圆形, 常 3 个聚生叶腋。
叶: 互生, 椭圆形至长椭圆形, 长 2~6cm, 宽 1~3cm, 两面无毛, 叶缘具单锯齿, 羽状脉。
花: 两性或单性同株, 1~4 朵簇生于当年生枝叶腋; 单被花, 萼 4~5 裂, 雄蕊常 4, 子房上位, 花柱 2 裂。
果实: 小坚果斜卵圆形, 果翅位于果上半部, 歪斜呈鸡冠状, 基部有宿萼。
花果期: 花期 4~5 月; 果期 5~6 (8) 月。
分布: 产吉林南部以南的东北、华北、西北、华东、华中等地。可栽培作绿篱。

叶、果实

雌花

雌花

快速识别要点

具坚硬的长枝刺。叶椭圆形至椭圆状矩圆形, 边缘具整齐粗锯齿, 羽状脉。花簇生叶腋, 单被花。小坚果斜卵形, 上半部有鸡冠状翅。

青檀 *Pteroceltis tatarinowii* Maxim. 榆科 Ulmaceae

树形

树形和习性: 落叶乔木, 高达 20m, 胸径达 170cm。分布在石灰岩裸岩上的植株裸露根系常盘根错节。
树皮: 幼树树皮光滑, 老树干常凹凸不圆, 树皮暗灰色, 长片状剥裂, 内皮灰绿色。
枝条: 小枝褐色, 初有毛, 后脱落。
叶: 薄革质, 卵状椭圆形, 长 3.5~13cm, 三出脉, 先端渐尖或长尖, 基部宽楔形或近圆形, 基部以上有单锯齿。
花: 花单性同株; 雄花簇生于叶腋, 花萼 5 裂, 雄蕊 5, 花药顶端有长毛; 雌花单生。
果实: 坚果周围具薄翅, 连翅宽 1~1.5cm; 果柄细长, 长 1.5~2cm。
花果期: 花期 4~5 月; 果期 8~9 月。
分布: 中国特产, 分布于东北南部、华北、西北、华东、华中至西南等地, 常生于石灰岩山地。茎皮纤维为宣纸原料。

树皮

果枝

叶片正背面

快速识别要点

树皮暗灰色, 长片状剥裂。叶 2 列互生, 三出脉, 先端长渐尖。花单性同株, 单被, 花萼 5 裂。坚果周围具薄木质翅, 果柄细长。

果实

单叶有锯齿→裂片 单叶→叶对生

100

大叶榉树 *Zelkova schneideriana* Hand.-Mazz. 榆科 Ulmaceae

叶序及芽

树形与习性：落叶乔木，高达35m。
树皮：灰褐色至深灰色，呈不规则的片状剥落。
枝条：当年生枝灰绿色或褐灰色，密生伸展的灰色柔毛；冬芽常2个并生，球形或卵状球形。
叶：叶卵形至椭圆状披针形；先端短急尖，基部圆形至宽楔形，稍偏斜；叶上面被糙毛叶背密被柔毛边缘具圆齿状锯齿齿尖不明显叶柄粗短，长可达1cm，被柔毛。
花：花杂性，雄花具极短梗，1~3朵簇生于叶腋；雌花或两性花常单生于小枝上部叶腋，近无梗。
果实：核果几乎无梗，斜卵状圆锥形，上面偏斜，凹陷，宿存柱头呈喙状，背面具龙骨状凸起，网肋明显。
花果期：花期4月；果期9~11月。
分布：陕西南部、甘肃南部、江苏、安徽、浙江、江西、福建、河南南部、湖北、湖南、广东、广西、四川东南部、贵州、云南和西藏东南部。

叶缘及叶柄

芽

快速识别要点

　　芽常2~3并生；叶缘锯齿圆钝；叶背明显被柔毛，中脉毛更密，老叶叶面逐渐无毛，但中脉有短毛。

相近树种识别要点检索

1. 叶缘锯齿较浅，齿尖不明显；叶柄较长，达1 cm；基部偏斜而钝，先端短急尖··············大叶榉树 *Z. schneideriana*
1. 叶缘锯齿较深，齿尖突出；叶柄较短，0.7cm以下；基部对称，先端尾尖··············光叶榉 *Z. serrata*

光叶榉 *Zelkova serrata* (Thunb.) Makino 榆科 Ulmaceae

树形

叶片正背面

叶柄及叶基

叶背、叶缘及叶柄

叶背及果实

花枝

单叶→叶对生
叶有锯齿、裂片

101

黑弹朴 (小叶朴) *Celtis bungeana* Blume 榆科 Ulmaceae

树形

单叶→叶对生

叶有锯齿、裂片

树形和习性：落叶乔木，高达 20m，胸径 80cm。
树皮：深灰色，平滑不裂。
枝条：小枝灰褐色，无毛或疏毛，幼树萌发枝密被毛。
叶：厚纸质，常卵形至卵状椭圆形，长 3~8cm，宽 1.5~3cm，顶端渐尖或尾尖，中部以上有锯齿或一侧全缘，三出脉，基部不对称；叶柄长 3~10mm。
花：单性同株；雄花簇生于叶腋，花萼 5 裂，雄蕊 5，花药顶端有长毛；雌花单生。
果实：核果近球形，径 6~7mm，熟时紫黑色，常单生叶腋，果梗长 6~13mm，长于叶柄 2 倍以上。种子白色，平滑，稀有不明显网纹。
花果期：花期 4~5 月；果期 9~10 月。
分布：产东北南部、华北、西北经长江流域各地至西南地区。

叶形变异

树皮

枝叶

叶及果实

快速识别要点

　　树皮深灰色，平滑。叶形变化大，三出脉，常中部以上有锯齿，基部不对称。核果近球形，熟时由黄色变为紫黑色，常单生叶腋，果柄长于叶柄 2 倍以上。

雄花

雌花

相近树种识别要点检索

1.叶先端渐尖，不成撕裂状；果实较小。
　　2.幼枝无毛，叶面平滑，叶腋具 1 核果，成熟时黑色，果柄长于叶柄 2 倍以上·············黑弹朴 *C. bungeana*
　　2.幼枝密被柔毛，叶脉凸起，叶腋具 2 核果，成熟时黄色至橙黄色，果柄与叶柄近等长或稍长·············
　　朴树 *C. sinensis*
1.叶先端撕裂状，具突出的尾状尖；核果大，成熟时暗黄色·············大叶朴 *C. koraiensis*

大叶朴 *Celtis koraiensis* Nakai 榆科 Ulmaceae

树形

小枝被毛

枝叶

树干

叶片正背面

果实

单叶↓叶对生　叶有锯齿、裂片

朴树 *Celtis sinensis* Pers. 榆科 Ulmaceae

花枝

叶脉凸起

枝叶

桑（白桑、家桑）*Morus alba* L. 桑科 Moraceae

树形和习性：落叶小乔木至乔木，高达10m；树冠为阔卵形或近圆形。植株具白色乳汁。

树皮：灰褐色或黄褐色，浅纵裂。

枝条：枝无顶芽，侧芽红褐色，卵形。小枝灰色或灰褐色，有细毛；韧皮纤维发达。

叶：卵形、卵状椭圆形或阔卵形，长5~15cm，宽4~13cm，先端急尖或钝尖，基部浅心形或圆形，叶缘有粗钝锯齿、不裂或幼枝和萌枝的叶不规则缺裂，上面光亮无毛，下面脉上有疏毛，基部三出脉；叶柄长1~2.5cm，稍有毛。

花：雌雄异株，稀两性，柔荑花序；萼片4；雄花雄蕊4，与萼片对生，具退化雌蕊；雌花花柱极短，柱头2，内侧具乳突，宿存。

果实：聚花果俗称"桑椹"，卵圆形或圆柱形，长1~2.5cm，熟时暗紫色、近黑色或白色。单果为瘦果，宿存花萼肉质。

花果期：花期4~5月；果期5~7月。

分布：中国中部地区，现各地广泛栽培，遍布东北中部、内蒙古南部、新疆南部连线以南全境，以黄河流域中下游和长江流域各地栽培最多。桑叶为是中国传统养蚕的原料。

蒙桑 *Morus mongolica* (Bureau) Schneid. 与桑 *M. alba* 的区别为：小枝褐红色；叶先端尾尖，叶缘具刺芒状锯齿；雌花具花柱。产东北南部、华北、华中、西北、西南等地。华北低山阳坡、向阳沟谷习见。

叶背面

雄花序

雌花序

枝叶及果实

果枝

聚花果

快速识别要点

有白色乳汁，树干和枝条韧皮纤维发达。叶卵形或卵状椭圆形，有粗锯齿或缺裂，基部三出脉。花单被，柔荑花序，花柱极短。聚花果圆柱状，紫黑色或白色。

相近树种识别要点检索

1. 雌花花柱极短；叶缘锯齿圆钝，不成芒状；枝条灰色 ·· 桑 *M. alba*

1. 雌花具明显的花柱；叶缘锯齿齿端具刺芒；小枝紫红色 ·································· 蒙桑 *M. mongolica*

叶有锯齿，裂片
单叶→叶对生

桑

树皮

树形

蒙桑 *Morus mongolica* (Bureau) Schneid. 桑科 Moraceae

树形

树皮 叶

雄花序 雌花序

枝叶

柘树 *Cudrania tricuspidata* (Carr.) Bureau ex Lavall. 桑科 Moraceae

枝叶

树形和习性: 落叶灌木至小乔木,高达 10m。植株体具白色乳汁。
树皮: 灰褐色,薄片状剥落。
枝条: 小枝灰白色,无毛,具枝刺;无顶芽。
叶: 厚纸质,卵形或菱状卵形,先端钝尖,基部圆形或楔形,全缘或先端 2~3 裂,无毛或叶背疏生毛;叶柄长 0.5~2cm。托叶小,早落。
花: 雌雄异株,头状花序,腋生;雄花雄蕊 4,花丝在芽内直伸,有或无退化雌蕊;雌花花柱 1。
果实: 聚花果球形,橘红色或橙黄色,果径 2.5cm。瘦果外被肉质苞片及萼片。
花果期: 花期 5~6 月;果期 9~10 月。
分布: 产东北南部、华北、华东、中南及西南各地。适应性强,耐干旱瘠薄,喜生于钙质的石灰岩山地,生长慢。

树皮 枝刺 果实

快速识别要点

常有枝刺。叶厚纸质,全缘或萌生枝条常具 2~3 裂。雌雄异株,头状花序。聚花果球形,橘红色或橙黄色。

构树 *Broussonetia papyrifera* (L.) L' Hér. ex Vent. 桑科 Moraceae

树形

树形和习性: 落叶乔木,高达 16m,胸径 60cm。

树皮: 暗灰色,平滑,常有紫褐色块状斑,如淤血。

枝条: 小枝密被毛;枝皮韧性纤维发达。

叶: 互生,同株上有互生、对生和轮生叶共存现象,宽卵形至矩状广卵形,长 7~20cm,宽 6~15cm,先端渐尖或短尖,基部心形或圆形,缘具粗锯齿,不裂或不规则 3~5 深裂,幼树及萌发枝叶尤为明显,上面密被短硬毛,粗糙,下面密被长柔毛;叶柄长约 3~10cm;托叶明显,带紫色。

花: 雌雄异株;雄花为圆柱状的柔荑花序,花萼 4 裂,雄蕊 4,花丝在芽内内折,开花时伸直;雌花为头状花序,花萼管状,不裂或 3~4 裂,子房有柄,花柱丝状,侧生,开花时花柱四射。

果实: 聚花果球形,径 2~2.5cm,橘红色,稀白色;瘦果小,扁球形,径约 1.6mm,外被肉质宿存的花萼和肉质伸长的子房柄。

花果期: 花期 4~5 月;果期 6~7 月。

分布: 产华北、西北至华南,西南广大地域,为低山、沟谷、溪边常见树种。具有较强的抗污染能力,可作工矿区绿化;其秋果鲜艳夺目,可供庭院观赏,也为野生鸟类的食源。

树皮

雄花序枝

叶形变化

快速识别要点

树皮常有紫褐色块状斑;韧皮纤维发达。枝条及叶片密被毛。同株上叶互生、对生和轮生同存,不裂或不规则 3~5 裂。雄花为柔荑花序,雌花为头状花序。聚花果球形,肉质,橘红色。

雌花序、乳汁

聚花果

相近树种识别要点检索

1. 乔木。小枝密生柔毛。叶互生、对生和轮生,广卵形至长椭圆状卵形。托叶大,卵形。雌雄异株,雄花序为柔荑花序,粗壮··构树 **B. papyrifera**
1. 灌木。小枝初被毛,老时脱落。叶互生,卵形至斜卵形,先端渐尖至尾尖。托叶小,线状披针形。雌雄同株,雄花序头状····························小构树(楮)**B. kazinoki**

小构树 *Broussonetia kazinoki* Sieb. 桑科 Moraceae

雄花序枝

叶片

雌花序

叶有锯齿、裂片
单叶↓叶对生

米心水青冈 *Fagus engleriana* Seem. 壳斗科 Fagaceae

树形

树皮

树形和习性:落叶乔木,高达25m,树干分枝低。

树皮:树皮暗灰色,粗糙,不开裂。

枝条:枝条细,斜展,稍成之字形弯曲。芽长圆锥形,芽鳞多数,灰褐色,排成4列;顶芽和侧芽等大;侧芽在枝条上排成2列,与枝条的夹角约90度;

叶:单叶,薄纸质,2列互生,菱形或卵状披针形,先端渐尖或短渐尖,基部圆或宽楔形,叶全缘或波状,幼叶有毛,老叶近无毛,侧脉10~13对,近叶缘处弓弯连接成环形边脉;托叶膜质,线形,早落。

花与花序:花单性,雌雄同株;雄花组成下垂的头状花序;雌花常2朵生于总苞内。

壳斗与果实:壳斗常4裂,通常有2坚果,壳斗小苞片两型,基部绿色,叶状,上部线形,褐色下部。坚果三角状卵形,有3棱脊。

花果期:花期4~5月;果期8~10月。

分布:产于四川、贵州、湖北、云南东北部、陕西秦岭东南部、河南东南部、安徽黄山;生于海拔1000~2500m山区。

果枝

叶片正背面

叶侧脉

快速识别要点

落叶乔木;冬芽长圆锥形;树皮因皮孔隆起而粗糙。叶菱形或卵状披针形,2列互生,叶全缘,波状,侧脉在近叶缘处向上弯并与上一侧脉连结。果柄长于叶柄。

水青冈 *Fagus longipetiolata* Seem. 壳斗科 Fagaceae

树形

果枝

树皮

亮叶水青冈 *Fagus lucida* Rehd. et Wils. 壳斗科 Fagaceae

果枝

果枝　　壳斗与果实

单叶↓叶对生
叶有锯齿、叶片、裂片

板栗 *Castanea mollissima* Blume 壳斗科 Fagaceae

树形

树皮

树形和习性: 落叶乔木,高达20m,胸径达1m;树冠近圆形或阔卵形。

树皮: 树皮深灰色,不规则深纵裂。

枝条: 一年生枝较粗壮,灰绿色或淡褐色;髓心五角形。枝无顶芽,侧芽具2~3芽鳞,被毛。

叶: 单叶,2列互生,长椭圆形或长椭圆状披针形,先端渐尖或短尖,基部圆或宽楔形,羽状侧脉10~18对,直达锯齿尖端成芒状锯齿,齿隙深,成圆弧状,叶背灰白色或灰绿色,被灰白色星状毛或短柔毛,托叶宽楔形,早落。

花与花序: 花单性,雌雄同株或同序,雄花组成腋生的直立柔荑花序,长9~20cm,被绒毛;雌花1~3朵生于总苞内,着生于雄花序下部。

壳斗与果实: 壳斗小苞片针刺状,连刺直径4~6.5cm,密被紧贴星状柔毛,每总苞内通常有坚果2~3个。坚果暗褐色,顶端被绒毛。

花果期: 花期4~6月;果期9~10月。

分布: 除西部及海南外,吉林以南地区均有栽培。为重要的木本粮食作物。

叶片正背面　　　　雌雄花同序

果枝　　　　壳斗开裂

快速识别要点

枝无顶芽;侧芽具芽鳞2~3。叶长椭圆形,叶缘具芒状锯齿,齿隙深,成圆弧状,叶背被灰白色或灰绿色毛。雄柔荑花序直立,雌雄同序,雌花生于花序基部。壳斗球形,全包坚果,外面小苞片针刺状。

单叶→叶对生　叶有锯齿、裂片

相近树种识别要点检索

1. 叶背面被灰白或灰黄色星状毛,或因毛脱落而无毛;果径1.5~3cm······板栗 *C. mollissima*

1. 叶背面被在放大镜下可见的腺鳞,叶背无毛;果径小于1.5cm······茅栗 *C. seguinii*

茅栗 *Castanea seguinii* Dode 壳斗科 Fagaceae

果枝

叶片正背面

108

栓皮栎 *Quercus variabilis* Blume 壳斗科 Fagaceae

树形

树形和习性：落叶乔木，枯叶冬季不脱落。
树皮：暗褐色，深纵裂，木栓层发达。
枝条：灰棕色，无毛。
叶：长 8~15（20）cm，卵状披针形至长椭圆状披针形，先端渐尖，基部圆或宽楔形，侧脉直达齿端，形成芒状锯齿，叶背密被灰白色星状毛。
壳斗和果实：壳斗半包坚果约 2/3，小苞片钻形，反曲，有短毛；坚果近球形至宽卵形，高约 1.5cm，顶端平圆，果脐微突起。
花果期：花期 4~5 月；果期翌年 9~10 月。
分布：在中国分布区较广，北至辽宁（兴城、丹东）、河北、山西、陕西及甘肃（天水）；南至广东、广西；东至台湾、福建，西至云南、四川等地。为重要造林树种，是产区用于改造松树纯林，恢复松栎林，实现人工林近自然生态系统结构和功能的理想树种。

树皮

 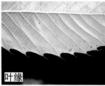 

叶　　　　　叶缘　　　　　壳斗和坚果

雌花枝　　　　雄花序　　　　果枝

快速识别要点

　　树皮柔软，木栓层发达。叶卵状披针形至长椭圆状披针形，具芒状锯齿，叶背密被灰白色星状毛。壳斗小苞片钻形，反曲，有短毛。

相近树种识别要点检索

1. 成熟叶背密被灰白色星状毛，叶背灰白色或灰绿色；树皮木栓层发达 ······························栓皮栎 *Q. variabilis*
1. 成熟叶背面无毛，或仅叶背脉腋有褐色毛，叶背绿色；树皮木栓层不发达；壳斗小苞片被灰白色绒毛·········
·······································麻栎 *Q. acutissima*

麻栎 *Quercus acutissima* Carruth. 壳斗科 Fagaceae

树形

果枝

壳斗和坚果

雄花序　　　　　　　　叶片正背面

槲栎 *Quercus aliena* Blume 壳斗科 Fagaceae

树形

树形和习性: 落叶乔木, 高达 20m。
树皮: 暗灰色, 深纵裂。
枝条: 小枝粗, 近无毛, 具圆形淡褐色皮孔。
叶: 长椭圆状倒卵形至倒卵形, 长 10~20 (30) cm, 顶端微钝或短渐尖, 基部楔形或圆形, 叶缘具波状钝齿, 叶背密被灰褐色细绒毛; 叶柄长 1~1.3cm, 无毛。
壳斗和果实: 壳斗杯形, 包着坚果约 1/2, 小苞片鳞形, 被灰白色柔毛; 坚果椭圆状卵形至卵形。
花果期: 花期 4~5 月; 果期 9~10 月成熟。
分布: 河北、山东、陕西、河南、安徽、湖北、湖南、广东、广西、福建、浙江、江苏、江西、四川、贵州、云南等地; 生于海拔 100~2400m 的林区。

树皮

枝叶, 示明显叶柄

叶片正背面

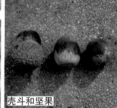

雄花序

果实

壳斗和坚果

快速识别要点

叶椭圆状倒卵形至倒卵形, 波状钝锯齿; 具明显的叶柄。壳斗半包坚果, 小苞片鳞形; 坚果当年成熟。

相近树种识别要点检索

1. 叶缘具波状粗齿; 壳斗小苞片为三角形鳞片状; 小枝光滑无毛。
　2. 叶缘锯齿无骨质化齿尖; 坚果相对较粗大。
　　3. 叶柄长 1~3cm, 叶背具灰棕色柔毛; 壳斗小苞片扁平······················**槲栎 *Q. aliena***
　　3. 叶柄极短, 长不及 1cm, 叶脉有毛, 后脱落无毛; 壳斗小苞片常具瘤状突起·········**蒙古栎 *Q. mongolica***
　2. 叶缘锯齿齿尖骨质化; 坚果相对细小··················**短柄枹栎 *Q. serrata* var. *brevipetiolata***
1. 叶缘具羽状深裂; 壳斗小苞片窄披针形, 红棕色; 小枝及叶密被灰褐色毛··················**槲树 *Q. dentata***

短柄枹栎 *Quercus serrata* Thunb. var. *brevipetiolata* (A. DC.) Nakai 壳斗科 Fagaceae

枝叶

果枝

叶有锯齿、裂片
单叶↓叶对生

槲树 *Quercus dentata* Thunb. 壳斗科 Fagaceae

树形

树形和习性: 落叶乔木,高达 25m,胸径达 1m。

枝条: 粗壮,具有 5 棱,密被黄褐色星状毛。

叶: 倒卵形至长倒卵形,长 10~30cm,基部耳形或楔形,叶缘波状裂片或波状粗锯齿,叶背密被褐色星状毛;叶柄极短,密被棕色绒毛。

雄花序: 花序轴密被浅黄色绒毛。

壳斗: 杯形,包着坚果 1/2~2/3,小苞片窄披针形,张开或反卷,红棕色;坚果卵形或圆柱形,有宿存的花柱。

花果期: 花期 4~5 月;果期 9~10 月。

分布: 北至黑龙江东南部、河北、山西、陕西,南至长江流域各地。为东北地区南部、华北荒山荒地造林的重要树种之一。

叶片正背面　雄花序

枝条　枝叶,示叶柄极短　壳斗和坚果

快速识别要点

枝叶密被星状毛;叶倒卵形,叶缘羽状深裂至波状粗锯齿;叶柄极短。壳斗小苞片披针形,红棕色;坚果具宿存花柱,当年成熟。

蒙古栎 *Quercus mongolica* Fisch. ex Ledeb. 壳斗科 Fagaceae

树形　树皮　叶形

果枝　雄花序　壳斗和坚果

青冈 *Cyclobalanopsis glauca* (Thunb.) Oerst. 壳斗科 Fagaceae

树形和习性：常绿乔木，高达 20m，胸径可达 1m。

树皮：树皮较薄，多光滑，稀深裂。

枝条：小枝无毛。

叶：叶革质，倒卵状椭圆形或长椭圆形，长 6~13cm，先端渐尖至短尾尖，基部圆或宽楔形，叶缘中部以上有疏锯齿，叶背苍白色，被平伏白毛，老时渐脱落，常有白色鳞秕。

花与花序：花雌雄同株；雄花为柔荑花序，多簇生新枝基部，下垂；雌花序穗状，直立，顶生，雌花单生于总苞内。

壳斗与果实：果序长 1.5~3cm，有果 2~3 个。壳斗碗形，径 0.9~1.4cm，包着坚果 1/3~1/2；小苞片合生成 5~6 条同心环带。坚果卵形至椭圆形，高 1~1.6cm，常被白粉。

花果期：花期 4~5 月；果期 10 月。

分布：本种为青冈属分布最广的种，秦岭、淮河以南地区广为分布，组成常绿阔叶林或常绿阔叶与落叶阔叶混交林。

树形

树皮

叶形

幼叶

雄花序

快速识别要点

　　常绿乔木。叶革质，倒卵状椭圆形，先端渐尖或短尾尖，中部以上有疏锯齿，叶背苍白色，被平伏白毛。壳斗碗形，小苞片愈合成同心环带。

果实与壳斗

辽东桤木 *Alnus sibirica* Fisch. ex Turcz. 桦木科 Betulaceae

雄花序

树皮

树形和习性：落叶乔木或小乔木，高达20m；树冠卵形，有时丛生状。
树皮：灰褐色或暗灰色，光滑。
枝条：幼枝褐色，密被灰色柔毛；皮孔形小，分散；冬芽紫褐色，具黏质，有光泽，具柄，芽鳞2。
叶：卵圆形或近圆形，先端圆，基部圆形或宽楔形，具波状缺刻，缺刻具不规则粗锯齿，侧脉直伸至齿，叶背被褐色short柔毛或近无毛，侧脉9~16对；叶柄密被短毛。
花：单性，雌雄同株；雄花序圆柱形，下垂，每花具雄蕊4；雌花序短，每2朵生于苞腋。
果实：果序球果状，近球形或长圆形，3~4个集生成总状；果苞木质，顶端波状5浅裂；小坚果宽卵形，具窄翅。
花果期：花期5月；果期8~9月。
分布：产黑龙江、吉林、辽宁、内蒙古、山东等地。

芽

叶片正背面

果序

果序

快速识别要点

　　冬芽具柄，芽鳞2。叶卵圆形或近圆形，叶缘具波状缺刻，其间具不规则粗锯齿，侧脉直伸至齿，叶背被褐色短柔毛或无毛；叶柄密被毛。小坚果翅较窄，宽为果的1/4~1/3。

相近树种识别要点检索

1. 芽有柄，顶端钝，芽鳞2，有脊棱。小坚果翅较窄，宽为果的1/4~1/3。
　　2. 叶近圆形，顶端圆，稀锐尖，基部圆至宽楔形，具波状缺刻，缺刻间具不规则粗锯齿，侧脉直伸至齿，叶背被褐色短柔毛。叶柄密被毛 ·· 辽东桤木 *A. sibirica*
　　2. 叶异形，具疏细齿。短枝生叶为倒卵形至长倒卵形，顶端骤尖、锐尖或渐尖，基部楔形，稀圆；长枝生叶披针形至椭圆形，基部楔形；叶柄幼时疏被毛，老时无毛 ·················· 日本桤木 *A. japonica*
1. 芽无柄或几无柄，顶端尖，芽鳞3~6。小坚果翅与果近等宽。叶卵形或椭圆形，顶端锐尖，基部圆形至微心形，密具细重锯齿或单锯齿。除叶背脉腋外，两面几无毛 ················· 东北桤木 *A. mandshurica*

东北桤木 *Alnus mandshurica* (Callier ex C. K. Schneider) Hand.-Mazz. 桦木科 Betulaceae

果实

果枝

日本桤木 *Alnus japonica* (Thunb.) Steud. 桦木科 Betulaceae

枝条

雄花序

单叶→叶对生
叶有锯齿、裂片

白桦 *Betula platyphylla* Suk. 桦木科 Betulaceae

树形

树形和习性：落叶大乔木，高达 27m，树冠宽卵形。
树皮：幼时暗褐色，老时白色，有白粉，纸状剥落。
枝条：幼枝红褐色，被白色蜡质，无毛，具树脂点；冬芽卵圆形，芽鳞边缘具毛。
叶：三角状卵形或菱状卵形，先端尾尖或渐尖，基部平截、宽楔形或楔形，叶背面密被树脂点，叶缘为钝尖重锯齿，侧脉 5~8 对。
花：单性同株；雄柔荑花序单生或 2~4 簇生，下垂，裸露越冬，每花具雄蕊 2；雌花序为长圆柱形，直立，每苞片具 3 朵雌花。
果实：果序单生，圆柱形，细长下垂；果苞革质，3 裂，中裂片短三角形，成熟时脱落，每果苞具 3 个小坚果，小坚果椭圆形或倒卵形，果翅宽与小坚果近相等。
花果期：花期 4~5 月；果期 8~9 月。
分布：产黑龙江、吉林、辽宁、内蒙古、河北地区、山西、河南、青海、西藏、四川等地。用途广泛；树皮白色，秋叶金黄，是东北地区和其他产区优美的绿化树种和造林先锋树种。

树皮

叶片正背面

叶、果苞及坚果

坚桦、黑桦、白桦果序比较
（从左向右排）

雌、雄花序

果序

快速识别要点

落叶大乔木；树皮白色，纸状剥落。单叶互生，三角状卵形，具重锯齿。花单性同株。果序圆柱形；果苞中裂片短三角形；果翅宽与小坚果近相等。

红桦 *Betula albo-sinensis* Burk. 桦木科 Betulaceae

果枝

树皮纸片状剥落

叶片、果苞及坚果

雄花序

硕桦 *Betula costata* Trautv. 桦木科 Betulaceae

树形

树皮

叶片正背面

雄花序

果苞及坚果

黑桦 *Betula dahurica* Pall. 桦木科 Betulaceae

果枝

树形和习性: 落叶大乔木, 高达 20m, 胸径 50cm; 树冠宽卵形。
树皮: 幼树树皮紫褐色或橘红色, 纸状开裂; 老树树皮黑褐色, 龟裂, 呈小块状剥落。
枝条: 幼枝红褐色, 被毛及树脂点, 后脱落无毛; 冬芽卵形, 芽鳞边缘具毛。
叶: 卵圆形至卵状椭圆形, 长 3~7cm, 先端尖或渐尖, 基部宽楔形或近圆形, 边缘具钝尖重锯齿, 叶背沿脉被毛, 密生树脂点, 侧脉 6~8 对, 脉腋间具簇生毛; 叶柄疏被丝毛。
果实: 果序单生于短枝上, 短圆柱形, 直立或微下垂; 果苞革质, 3 裂, 中裂片长圆状三角形; 小坚果椭圆形或倒卵形, 果翅宽为坚果 1/2。
花果期: 花期 4~5 月; 果期 9 月。
分布: 产黑龙江大小兴安岭、吉林长白山、河北、山西等地。

树皮

叶片正背面

雄花序

快速识别要点

树皮黑褐色, 呈小块状剥落; 小枝有树脂点。单叶互生, 卵形, 被毛, 叶柄短, 被丝状毛。果序短圆柱形; 果苞中裂片长圆状三角形; 果翅宽为坚果 1/2。

果序

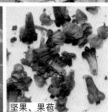
坚果、果苞

相近树种识别要点检索

1. 小枝有树脂点和绒毛; 叶被毛。
  2. 树皮黑褐色, 龟裂; 叶背面沿脉有毛, 叶柄长 0.5~1.5cm; 果苞中裂片长圆状三角形; 果翅宽为果的 1/2······**黑桦 *B. dahurica***
  2. 树皮不裂或纵裂; 叶两面有毛, 叶柄 0.2~1cm; 果苞中裂片长披针形; 坚果无翅或具窄翅······**坚桦 *B. chinensis***
1. 小枝光滑, 仅具树脂点; 叶无毛或被毛。
  3. 叶菱状卵形, 叶柄长 1~2.5cm, 无毛。果苞中裂片短三角形; 果翅宽与小坚果近相等; 树皮白色······**白桦 *B. platyphylla***
  3. 叶卵形、长卵形或卵状矩圆形, 叶柄疏被毛或无毛。果翅宽为小坚果的 1/2。
    4. 树皮黄褐色; 叶卵形或长卵形, 具尖细重锯齿, 脉腋间有簇毛, 叶柄长 0.8~2cm。果苞中裂片长圆形; 果翅宽为小坚果的 1/2······**枫桦 *B. costata***
    4. 树皮淡红褐色, 有光泽和白粉。枝条红褐色, 小枝紫红色。叶卵形至卵状矩圆形, 具不规则重锯齿, 齿间角质化, 叶面密生腺点, 脉腋间无簇毛, 叶柄长 5~15cm。果苞中裂片矩圆形或披针形······**红桦 *B. albo-sinensis***

坚桦 *Betula chinensis* Maxim. 桦木科 Betulaceae

果枝

树干

雄花序

叶片正背面

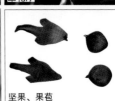
坚果、果苞

毛榛 *Corylus mandshurica* Maxim. 榛科 Corylaceae

枝叶

树形和习性：落叶灌木，高 3~4m，丛生，多分枝。
枝条：老枝灰褐色或暗灰色无毛，小枝黄褐色，密被灰黄色长柔毛及腺毛。
叶：叶宽倒卵形或长圆状倒卵形，长 4.5~12cm，顶端骤尖或中央有突尖，叶基心形，具粗锯齿，中部以上具浅裂，两面均被毛，侧脉 5~8 对。
花：花单性；雄花序长圆柱形，2~4 排成总状，腋生，雄花无花被。雌花具花被，生于苞片内。
果实：果苞囊状，2~4 簇生，全包坚果，并在坚果以上缢缩成长管状，较果长 2~3 倍，外面密被黄褐色刚毛及腺毛；坚果圆锥状宽卵形，密被白色细毛，顶端具小尖头。
花果期：花期 4~5 月；果期 8~9 月。
分布：分布于东北地区、河北、河南、内蒙古、四川、青海、陕西、甘肃等地。是重要的木本干果树种。

叶片正面

叶片背面

快速识别要点

落叶灌木；小枝黄褐色，密被长柔毛。叶卵状长圆形至倒卵状长圆形，顶端骤尖或中央有突尖，基部心形，两面被毛。果苞囊状，全包坚果，外面密被黄褐色刚毛及腺毛。

雌花生于苞片内

果苞

相近树种识别要点检索

1. 小枝、叶、果苞均被毛。叶宽倒卵形或长圆状倒卵形，顶端骤尖或中央有突尖，叶基心形，具粗锯齿，中部以上浅裂。果苞管状，全包坚果，密被黄褐色刚毛及腺毛·······················毛榛 *C. mandshurica*
1. 小枝、叶、果苞均无毛或疏被长柔毛。叶矩圆形至宽倒卵形，顶端凹缺或截形，中央具突尖，叶中部以上具浅裂或缺刻；果苞钟状，果苞裂片全缘，顶端坚果露出·······················平榛 *C. heterophylla*

单叶→叶对生

叶有锯齿、裂片

平榛 *Corylus heterophylla* Fisch. ex Trautv. 榛科 Corylaceae

灌丛

小枝

叶片正背面

雄花序

果苞及坚果

虎榛子 *Ostryopsis davidiana* Decne. 榛科 Corylaceae

植株

树形和习性：落叶灌木，高 1~4m。
枝条：小枝灰黄色密被短柔毛或杂有腺毛。
叶：卵形至椭圆状卵形，长 2~8cm，先端尖，基部心形或圆，叶表被毛，叶背沿叶脉被毛，近基部脉腋被簇生毛，边缘不规则重锯齿或缺刻。
花：雄花序单生叶腋，短圆柱形，苞片先端有小尖头，每苞片具 1 朵雄花；雌花序排成总状，每苞片 2 朵雌花。
果实：果多数集生枝顶，果苞小，囊状，长圆形，先端成颈状，不封闭，有纵纹，密被粗毛；小坚果卵形，黑紫色或黄褐色，被直立细毛。
花果期：花期 4~5 月；果期 6~7 月。
分布：产于辽宁、内蒙古、宁夏（贺兰山）、河北、河南、山西、甘肃、四川（茂汶、马尔康、黑水、大金）。为黄土高原习见灌木。

雄花序

雌花枝

快速识别要点

落叶灌木。叶卵形至椭圆状卵形，基部心形，边缘为不规则重锯齿或缺裂。雄花序短圆柱形，单生下垂；雌花序排成总状。果苞囊状，先端细颈瓶状，密被粗毛。

果苞

果实

鹅耳枥 *Carpinus turczaninowii* Hance 榛科 Corylaceae

树形

树形和习性：落叶乔木，高 5~10m。
树皮：树皮灰褐色，较光滑，老时浅纵裂，常凸凹不平。
枝条：小枝浅褐色或灰色，幼时密被细绒毛，后渐脱落。
叶：叶卵形、菱状卵形或卵状椭圆形，长 2~6cm，基部宽楔形至圆形，边缘具规则或不规则尖重锯齿，表面光亮，黄绿色，无毛，叶背脉腋具簇毛和白色垫状体，侧脉 10~12 对；叶柄被细柔毛。
花：雄花序为柔荑花序，雄花无花被，每苞片具 3~13 雄蕊；雌花序生于枝顶，每苞片具 2 雌花，萼 6~10 齿裂。
果实：果序短，排列疏松，长 3~6cm，果苞叶状，半宽卵形，基部具明显的裂片和耳突，两侧不对称，脉明显，偏于内缘一侧，中裂片全缘或具小齿；小坚果宽卵形。
花果期：花期 4~5 月；果期 8~9 月。
分布：主产华北地区。在北京西部低山与壳斗科植物形成杂木林。

树干

枝叶

叶片正背面

雄花序

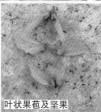
叶状果苞及坚果

果序

快速识别要点

　　落叶乔木；树皮光滑。叶卵形、菱状卵形或卵状椭圆形，表面光亮，黄绿色，边缘具不规则尖重锯齿，叶背脉腋具白色垫状体。小坚果，外被叶状果苞，脉明显。

相近树种识别要点检索

1. 果苞两侧不对称，中脉偏于内缘一侧，在序轴上排列疏松，中裂片全缘或具小齿；叶卵形、菱状卵形或卵状椭圆形，基部宽楔形至圆形，侧脉 10~12 对·················鹅耳枥 *C. turczaninowii*
1. 果苞两侧近于对称，中脉位于近中央，在序轴上覆瓦状排列，果苞中裂片内侧上部具锯齿。叶卵形至矩圆状卵形，顶端渐尖成刺尖，基部纡心形，具不规则刺毛状重锯齿，叶背除脉外无毛，侧脉 15~20 对···千金榆 *C. cordata*

千金榆 *Carpinus cordata* Blume 榛科 Corylaceae

枝叶

叶片正背面

果序

117

茶树 *Camellia sinensis* (L.) O. Kuntze 山茶科 Theaceae

树形

树形和习性：常绿小乔木，高可达 15m，栽培者常修剪为灌木。
树皮：树皮灰色。
枝条：小枝黄褐色或灰褐色，近于无毛。
叶：薄革质，长圆形、长卵形至椭圆形，长 4~12cm，宽 2~5cm，先端渐尖，基部楔形，侧脉 5~7 对，明显；叶柄长 2~8mm。
花：1~3 朵腋生，花柄长 4~6mm，下弯；花白色，径 2.5~3cm，萼片 5，阔卵形至圆形，宿存，花瓣 5，阔卵形，先端圆钝，雄蕊多数，花丝基本稍合生，子房密生白毛。
果实：蒴果 3 室，扁球形，径 1.1~1.5cm，萼片宿存；果皮薄，每室有种子 1~2，种子近球形。
花果期：花期 8~11 月中旬；果期翌年秋季。
分布：为世界性饮料，中国秦岭、淮河流域以南各地广泛栽培，已有 2000 多年的历史。现茶区辽阔、品种丰富，以浙江、江苏、湖南、台湾、安徽、四川、云南等为重点产茶区。河南南部地区有栽培。

叶片正背面

花

果实及种子

快速识别要点

常绿灌木或小乔木。单叶互生，薄革质，长圆形、长卵形至椭圆形，有细锯齿，侧脉明显。花 1~3 朵腋生，花梗下弯；花白色，阔卵形。蒴果扁球形，萼片宿存。

相近树种识别要点检索

1. 叶片薄革质，侧脉明显；花腋生，有明显的梗，下垂；花瓣阔卵形，先端圆钝；蒴果近球形，果皮薄，萼片宿存；种子近球形······························**茶树 *C. sinensis***
1. 叶片厚革质，表面光亮，侧脉不明显；花 1~2 朵顶生，花梗短；花瓣阔卵形，先端圆钝；长倒卵形，先端凹下或 2 裂。蒴果近卵球形，果皮厚，萼片脱落；种子背圆腹平······························**油茶 *C. oleifera***

油茶 *Camellia oleifera* Abel 山茶科 Theaceae

树形

叶正面

叶背面

花

果实及种子

茶（左侧）与油茶（右侧）比较

单叶→叶对生 叶有锯齿、裂片

118

狗枣猕猴桃

中华猕猴桃 *Actinidia chinensis* Planch. 猕猴桃科 Actinidiaceae

植株

树形和习性: 叶大藤本,长4~8m或更长。

枝条: 幼枝密被黄褐色或锈色毛,老时脱落;片状髓,白色至淡褐色。

叶: 近圆形、卵圆形或倒卵形,长5~17cm,宽7~15cm,顶端圆或凹缺,叶缘具睫毛状细齿;表面沿脉有疏毛,背面密被淡褐色星状毛;叶柄长3~6(10)cm。

花: 花单性,雌雄异株,聚伞花序具花1~3朵;花初白色,后为淡黄色,花径2~4cm,花萼通常5,花瓣多为5,雄蕊多数,花药黄色,子房心皮多数,每室胚珠多数,花柱分离。

果实: 浆果卵圆形、圆柱形至近球形,长3~5cm以上,绿褐色,密被棕色柔毛和淡褐色小斑点,后毛脱落。

花果期: 花期4~5月;果期8~9月。

分布: 中国特有种。主产长江流域,分布北起秦岭、南至南岭的广大区域。现已广泛引种栽培。

枝干,示髓

枝叶

雌花

两性花,花柱分离

快速识别要点

缠绕木质大藤本,植株体被硬毛;枝髓片状。叶近圆形至阔倒卵形,先端圆或凹缺。花杂性异株,聚伞花序具1~3花。浆果卵圆形、圆柱形至近球形,绿褐色,被黄褐色粗硬毛。

果枝

果实

叶有锯齿、裂片 单叶→叶对生

狗枣猕猴桃 *Actinidia kolomikta* (Maxim. et Rupr.) Maxim. 猕猴桃科 Actinidiaceae

花

叶片正背面

果实

花枝

120

软枣猕猴桃 *Actinidia arguta* (Sieb. et Zucc.) Planch. ex Miq. 猕猴桃科 Actinidiaceae

树形

树形和习性：落叶大藤本。
枝条：枝条灰褐色，无毛；片状髓，白色至淡褐色。
叶：膜质或纸质，卵形、长圆形、阔卵形至近圆形，长 6~12cm，宽 5~10cm，顶端急短尖，基部圆形至浅心形，边缘具繁密的锐锯齿，无毛或沿脉有疏毛。
花：花单性，雌雄异株，聚伞花序腋生；花绿白色，花萼通常 5，花瓣多为 5，雄蕊花药紫黑色。
果实：浆果球形至椭圆形，长 2~3cm，果先端钝圆，具钝喙，花萼不宿存。
花果期：花期 5~7 月；果期 9~10 月。
分布：分布广泛，主产东北和华北地区，向南至长江流域，种内形态变异较大。是重要的野生果树资源。

花枝

快速识别要点

缠绕木质大藤本；茎髓片状。叶卵形或长圆形，边缘具繁密的锐锯齿，无毛。花绿白色，花药黑色。浆果球形至椭圆形，较小，花萼不宿存。

叶片正背面

果枝

相近树种识别要点检索

1. 植株体被黄褐色或锈褐色柔毛、粗糙柔毛或星状毛；叶卵圆形，先端平截、圆或凹缺，基部钝形或截形；果实大，柱状圆球形或倒卵形，被黄褐色毛，有斑点······**中华猕猴桃 *A. chinensis***
1. 植株体光滑无毛；叶宽卵形至椭圆形，先端渐尖或尾尖；果小，光滑无毛，无斑点。
  2. 髓心片状，白色或褐色。叶脉不发达。
    3. 叶近圆形或宽椭圆形，两侧对称，短急尖，具密锐锯齿，叶基圆形至浅心形，无白斑，叶背脉腋有白色簇毛。花柄长，8~14mm，花药暗紫色；果先端钝圆，具钝喙，无宿存萼······**软枣猕猴桃 *A. arguta***
    3. 叶宽卵形至长方状倒卵形，两侧不对称，叶片上部常变为白色，后变紫红；急尖至短渐尖，具重锯齿，叶基心形。花柄纤细、短，4~8mm，花药黄色；果先端尖，无喙，具宿存反折萼片······**狗枣猕猴桃 *A. kolomikta***
  2. 髓心实心，白色。叶卵形至椭圆状卵形，有白斑，急渐尖至渐尖，具细锯齿，基部圆形至宽楔形，散生糙毛；叶脉发达，常分叉。花药黄色。果实顶端有喙，花萼宿存······**葛枣猕猴桃 *A. polygama***

葛枣猕猴桃 *Actinidia polygama* (Sieb. et Zucc.) Maxim. 猕猴桃科 Actinidiaceae

植株

树干

髓心

叶片

花

果实

单叶→叶对生
叶有锯齿，裂片

扁担杆（孩儿拳头） *Grewia biloba* G. Don 椴树科 Tiliaceae

植株

树形和习性：落叶灌木，高 2~3m，多分枝。
枝条：老枝灰褐色，光滑或纵裂；小枝被星状毛。
叶：卵形、长卵形或菱状卵形，长 4~9cm，宽 1~4cm，先端急尖，基部楔形或圆形，叶缘细锯齿，偶具不明显浅裂，三出脉，两面被稀疏星状毛；叶柄长 3~10mm。
花：淡黄绿色，聚伞花序与叶对生，有花 5~8 朵，花径近 1cm；花萼花瓣各 5，花瓣基部有鳞片状腺体，雄蕊和子房生于雌蕊柄上，雄蕊多数，离生，子房 2~4 室，每室胚珠 2 至多数。
果实：核果橙黄至橙红色，径约 1cm，无毛，2 裂，每裂具 2 核，成熟时橘黄色或红棕色。
花果期：花期 6~7 月；果期 8~9 月。
分布：产华北至长江流域各地。

枝条

叶背

雄花

果实

快速识别要点

落叶灌木；小枝密被星状毛。叶卵形或菱状卵形，基出 3 脉，在枝上排成 2 列；叶柄短。聚伞花序，花淡黄绿色，雄蕊和子房生于雌蕊柄上。核果橙黄至橙红色，2 裂。

叶有锯齿、裂片 单叶↓叶对生

紫椴 *Tilia amurensis* Rupr. 椴树科 Tiliaceae

树形

树形和习性：落叶乔木，高达 25~30m，胸径 1m；树冠阔卵形。
树皮：灰色至暗灰色，老时纵裂，呈小片状剥落。
枝条：嫩枝初被柔毛，后光滑无毛。枝无顶芽，冬芽芽鳞少数。
叶：宽卵形或卵圆形，萌发枝叶更大，先端渐尖至尾状尖，基部心形，边缘具较为规则粗锯齿，偶有 3 浅裂，背面沿脉腋生褐色簇毛；叶柄长 3~4cm。
花：聚伞花序，花序梗中部以下与带状总苞片合生，苞片倒披针形，长 4~10cm；花两性，黄白色，花萼花瓣各 5，雄蕊多数，结合为 5 束，无退化雄蕊，子房 5 室，每室 2 胚珠。
果实：果卵圆形，长 5~8mm，被星状茸毛。
花果期：花期 6~7 月；果期 8~9 月。
分布：主产东北、华北地区，为针阔混交林、落叶阔叶林重要组成树种之一，常散生。

树皮

叶片正背面

花序

果序

快速识别要点

落叶乔木；树皮灰色，光滑。叶宽卵形或卵圆形，具较为规则粗锯齿，稀 3 浅裂。聚伞花序，花序梗中部以下与带状总苞片合生。花黄白色，雄蕊多数，无退化雄蕊。核果被毛，具宿存总苞片。

糠椴 *Tilia mandshurica* Rupr. et Maxim. 椴树科 Tiliaceae

树干

树形和习性：落叶乔木，高达 20m，胸径 50cm；树冠阔卵形。
树皮：暗灰色，光滑或纵裂。
枝条：枝、芽均被星状绒毛。
叶：宽卵形，长 5~11cm，宽 5~10cm 或更大；先端短尖，基部斜心形或截形，叶缘齿尖具刺芒；背面密被灰色星状毛；叶柄长 4~8cm，被星状毛。
花：聚伞花序有花 7~12 朵，花序梗被毛；苞片倒披针形，长 8~14cm，两面被毛，具短柄或近无柄。
果实：核果球形，径 7~9mm，具不明显 5 棱，密被黄褐色星状毛。
花果期：花期 7 月；果期 9~10 月。
分布：产东北、华北、华东北部地区。

树皮

枝条、芽

快速识别要点

　　树皮灰褐色，光滑；全株被星状绒毛。叶宽卵形，较大，边缘齿尖具刺芒。聚伞花序梗中部以下与带状总苞片合生。花淡黄色。核果球形，具不明显 5 棱。

叶片正背面

果序

相近树种识别要点检索

1. 叶背仅脉腋有毛或无毛；小枝初时有毛，后无毛。
　2. 叶基心形，叶缘具粗锯齿，不裂或微 3 裂；花无花瓣状退化雄蕊；果卵形，无棱⋯⋯⋯⋯**紫椴 *T. amurensis***
　2. 叶基部斜截形；叶缘具不规则粗齿，并常 3 裂；花具 5 个花瓣状退化雄蕊；果倒卵形，具棱或不明显⋯⋯⋯⋯⋯⋯⋯⋯⋯⋯⋯⋯⋯**蒙椴 *T. mongolica***
1. 小枝、叶片背面及子房常密被星状毛，花瓣状退化雄蕊短小，基部斜心形或截形，具刺芒齿
⋯⋯⋯⋯⋯⋯⋯⋯⋯⋯⋯⋯⋯⋯⋯⋯⋯⋯⋯⋯⋯⋯⋯⋯**糠椴 *T. mandshurica***

蒙椴 *Tilia mongolica* Maxim. 椴树科 Tiliaceae

树形

叶片正背面

花序

花

果序

单叶↓叶对生
叶有锯齿、裂片

123

梧桐 *Firmiana simplex* (L.) Wight　梧桐科　Sterculiaceae

树形

树形和习性： 落叶乔木，高 15~20m。树干通直，光滑或细纵裂。
树皮： 幼年树皮绿色，老时灰绿色或灰色。
枝条： 小枝粗壮，绿色；芽被锈色星状毛。
叶： 宽卵形，长 15~20cm，掌状 3~5 裂，裂片全缘，基部心形，掌状脉；叶柄与叶片近等长。
花： 圆锥花序长 20~50cm，花黄绿色或白色；花单性同株，单被花，萼片条形，开展或反曲；雄花雄蕊 5~15，合生成筒状，花药寄生在雌雄蕊柄顶端；雌花雌蕊 5 心皮，基部离生，上部靠合，花柱合生，每心皮 2~4 胚珠。
果实： 蓇葖果 5 裂，成熟前开裂成叶片状，每心皮具 2~4 种子。种子球形，棕黄色，表面有皱纹。
花果期： 花期 6~7 月；果期 9~10 月。
分布： 产长江以南和西南地区，在湖北宜昌三峡地区、河南鸡公山等地有野生纯林，北京以南广泛栽培。

树皮　叶痕　叶形　果序

快速识别要点

　　树皮灰绿色，光滑。单叶，掌状 3~5 分裂，叶基深心形，基脉 7 条。花单性同株，圆锥花序顶生，黄绿色或白色。蓇葖果有柄，熟前由腹缝线开裂成叶状，种子球形。

雌花　雄花　蓇葖果

木槿 *Hibiscus syriacus* L.　锦葵科　Malvaceae

树形

树形和习性： 落叶灌木，高 3~4m。
枝条： 小枝灰褐色，被星状毛。
叶： 卵形至菱状卵形，长 3~6cm，宽 2~4cm，顶端常 3 裂，基部楔形，叶缘有不整齐钝齿，叶背有疏星状毛或几无毛；叶柄长 0.5~2.5cm。
花： 大，花径 5~8cm，单瓣或重瓣，有淡紫、白、红等色。花瓣 5，基部与雄蕊柱合生；雄蕊柱顶端截平或 5 齿裂，花药生于柱顶；子房 5 室，每室 3 至多胚珠，花柱 5 裂。
果实： 蒴果卵圆形，密被星状毛，5 裂。种子肾形，背部有黄白色长柔毛。
花果期： 花期 7~10 月；果期 9~11 月。
分布： 原产中国，分布于四川、湖南、湖北、山东、江苏、浙江、福建、广东、云南、陕西、辽宁等广大地区，江西庐山牯岭发现仍有野生者，全国各地栽培。

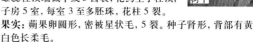

树干

叶片正背面　　单体雄蕊　　果实及种子

快速识别要点

　　落叶灌木。小枝密被黄色形状毛，叶多为菱状卵形，顶端常 3 裂，三出脉。花单生枝端叶腋，具副萼，花萼花瓣被星状毛，单体雄蕊，花瓣倒卵形。蒴果卵圆形，密被星状毛。种子肾形，背部有黄白色长柔毛。

山桐子 *Idesia polycarpa* Maxim. 大风子科 Flacourtiaceae

树形

树形和习性：落叶乔木，高达 17m，径 60mm。
树皮：树皮淡灰色，平滑。
枝条：幼枝及芽被毛。
叶：叶卵形或心状卵形，长 10~25cm，宽 6~15cm，先端渐尖或尾尖，叶基心形，具粗腺齿，下面灰白色，掌状 5~7 脉，沿叶脉有毛，脉腋有簇毛；叶柄长 6~15cm；下部有 2~4 紫红色瘤状腺体。
花：花单性异株或杂性，黄绿色，组成顶生下垂圆锥花序，有长梗；萼片 5；无花瓣；雄花雄蕊多数，花丝有毛，具退化子房；雌花具退化雄蕊，子房 5，心皮 1 室，花柱 5。
果实：浆果球形，径 0.5~1cm，熟时红色或橙褐色。种子红棕色。
花果期：花期 4~5 月；果期 10~11 月。
分布：产于秦岭、淮河流域以南，至广东、广西北部、台湾，西南至四川、贵州、云南；本种的变种：毛叶山桐子 *Idesia polycarpa* var. *vestita* Diels. 叶下面密被毛。

叶片正背面

单叶→叶对生
叶有锯齿、裂片

快速识别要点

落叶乔木。幼枝及芽被毛。叶卵形，渐尖或尾尖，叶基心形，具粗腺齿，叶背灰白色，掌状 5~7 脉；叶柄具 2~4 瘤状腺体。花单性异株，黄绿色，无花瓣，组成顶生下垂圆锥花序。浆果球形，熟时红色或橙褐色。

示叶柄上腺体

雄花序

雌花序

果实

胡杨 *Populus euphratica* Oliv. 杨柳科 Salicaceae

树形

树形和习性：落叶乔木，高 20m；树冠开展。

树皮：灰褐色，深纵裂。

枝条：小枝土黄色，光滑或具微毛，口嚼有咸味。芽椭圆形，光滑，褐色，无黏质。

叶：两面同色，灰蓝色。苗期和萌发枝叶披针形或线状披针形，全缘或疏波状齿；成年枝叶宽卵形、三角状卵形、卵状披针形或肾形，长 2.5~4.5cm，宽 3~7cm，先端具粗齿牙，叶基楔形、宽楔形或截形，具 2 腺体；叶柄微扁，约与叶片等长，萌枝叶柄极短。

花：花单性，雌雄异株，为柔荑花序；雄花序细圆柱形，长 2~3cm，轴有绒毛，有花 25~28 朵，花药紫红色，花盘膜质，边缘有不规则牙齿，早落；雌花序长 2~3cm，有花 20~30 朵，柱头 3 或 2 浅裂，鲜红或黄绿色。

果实：果序长达 9cm；蒴果长卵圆形，长 1~1.2cm，2~3 瓣裂，无毛。种子长 7~8mm。

花果期：花期 5 月；果期 7~8 月。

分布：产内蒙古西部、山西、宁夏、甘肃、青海及新疆；胡杨林主要分布在新疆、内蒙古山区、山西（朔县）、宁夏，生于荒漠、河流沿岸。

树皮

枝叶

叶形变异

果序

快速识别要点

落叶乔木。单叶互生，两面同色，灰蓝色，叶形多变化，披针形、宽卵形至肾形等，先端具粗齿牙，叶基楔形至截形，具 2 腺体；叶柄微扁。雄柔荑花序细圆柱形，花盘膜质早落。蒴果 2~3 瓣裂。

单叶→叶对生　叶有锯齿　裂片

大叶杨 *Populus lasiocarpa* Oliv. 杨柳科 Salicaceae

树形

树形和习性：落叶大乔木，树冠宽卵形。

树皮：深褐色，片状开裂成纵裂。

枝条：小枝黄褐色至紫褐色，微被柔毛，圆柱形，幼枝有棱。芽大，卵状圆锥形，光滑，仅基部芽鳞被毛。

叶：叶大，长 15~30cm，宽 10~15cm，卵形，先端渐尖，具圆钝腺齿，叶背有毛，尤以叶脉密，叶基心形，叶片基部叶缘具 2 腺体。叶柄圆柱形，仅上部微侧扁，被毛，和叶脉同为红色。

花：花单性，雌雄异株。花序轴被白色柔毛。花苞片倒披针形，光滑，早落。雌花柱头蛋黄色，子房密被白色柔毛。

果实：蒴果卵形，具短柄，密被白色柔毛，3 瓣裂。

花果期：花期 4~5 月；果期 5~6 月。

分布：湖北、四川、陕西、贵州及云南等地。以湖北西部和四川东部集中。

冬芽

树皮

叶片正背面

叶基具 2 腺体

幼叶

叶序和果序

快速识别要点

芽圆锥形，光滑。叶大型，长可达 30cm；卵形至宽卵形；幼叶被白色毛，后脱落；具圆齿，齿尖具腺体；叶基心形，具 2 腺体；叶柄仅上部侧扁。花序轴、子房及蒴果密被白色柔毛。

雄花序

雌花序

果序示 3 瓣裂

126

毛白杨 *Populus tomentosa* Carr. 杨柳科 Salicaceae

树形

树形和习性：落叶乔木，高30m；树冠宽卵形。
树皮：幼时灰绿色，老时灰白色，菱形皮孔明显；老树基部灰褐色，纵裂。
枝条：灰褐色，嫩枝初被柔毛，后光滑无毛；有顶芽，芽无黏液，芽鳞被白色柔毛。叶芽扁长卵形，花序芽长卵形。
叶：长枝叶宽卵形或三角状卵形，长10~15cm，宽7~13cm，先端短渐尖，基部截形或微心形，叶缘缺刻状或齿芽状粗齿，幼叶叶基部常具2红色腺体，背面密生绒毛，后渐脱落；短枝叶较小，卵形或三角状卵形。
花：雌雄异株；雄花序长10~15cm，密生灰绿毛，雄蕊6~12，花药红色；雌花序长5~7cm，苞片褐色，边缘有长睫毛，柱头鸡冠状2裂，粉红色。
果实：蒴果圆锥形，2瓣裂；种子细小，具毛。
花果期：花期3月；果期4~5月。
分布：中国特有树种，产辽宁南部、河北、山东、山西、河南、安徽、江苏、浙江、江西北部、湖北、陕西、甘肃、宁夏、新疆及青海，黄河流域中、下游为中心分布区，生于平原地区。

树皮

叶形

幼叶正背面

幼叶基部腺体

快速识别要点

　　落叶乔木；树皮灰白色，皮孔明显，菱形；冬芽、幼枝和幼叶叶背被白色柔毛。芽无黏液，叶芽扁长卵形，花序芽长卵形。叶三角状卵形，边缘具缺刻或波状齿；叶柄侧扁。柔荑花序，花苞片边缘具长毛，具黑褐色条纹。蒴果细小，被毛，2裂。

冬芽

雄花序

果序

单叶↓叶对生
叶有锯齿、裂片

响叶杨 *Populus adenopoda* Maxim. 杨柳科 Salicaceae

树形

树皮

树皮

枝条

叶片正背面

叶基腺体

果序

银白杨 *Populus alba* L. 杨柳科 Salicaceae

树形

树皮

萌条的叶

叶正背（右为新疆杨叶片）

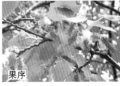
果序

山杨 *Populus davidiana* Dode 杨柳科 Salicaceae

树形

树形和习性：落叶乔木，高25m；树冠阔卵形。

树皮：灰绿色、黄绿色或灰白色，光滑，皮孔明显，老树干浅纵裂。

枝条：小枝赤褐色，无毛，萌发枝被灰绿色绒毛；有顶芽。冬芽无毛或芽鳞边缘有白色绒毛，无黏液。叶芽长卵形，先端长尖，花序芽球形。

叶：近圆形或三角状卵圆形，长、宽3~6cm，顶端钝尖或短渐尖，基部圆形，叶缘具密波状浅齿；萌枝叶大，三角状卵形，背面被柔毛；叶柄长2~6cm，侧扁。

花：花单性，雌雄异株。雄花序长5~9cm，雄蕊5~12，花药紫红色；雌花序长4~7cm，柱头带红色；花序轴被白绒毛。

果实：蒴果长约0.5cm，2瓣裂。

花果期：花期3~4月；果期4~5月。

分布：产东北、华北、西北及西南高山地区；朝鲜及俄罗斯亦有分布。

树皮

花芽和叶芽

叶片正背面

快速识别要点

　　落叶乔木；树皮灰白色，光滑，菱形皮孔明显。小枝及冬芽赤褐色，光滑或芽鳞边缘具白色绒毛。叶芽长卵形，先端长尖，花序芽球形。叶近圆形，边缘具密波状浅齿；初生的幼叶红色或鲜绿色；叶柄侧扁。蒴果卵状圆锥形，先端伸长。

雄花序

雌花序

幼果果枝及幼叶

果序

新疆杨 *Populus alba* L. var. *pyramdalis* Bunge 杨柳科 Salicaceae

树形

叶片正背面

相近树种识别要点检索

1. 叶不裂，边缘有波状锯齿。

　　2. 叶较大，卵形或三角状卵形；叶缘缺刻状或深波状齿；芽被毛；幼叶、叶柄与短枝密被白色绒毛，后脱落…………………………………………………………………………………………………毛白杨 *P. tomentosa*

　　2. 叶较小，叶缘为浅波状齿。芽常无毛或仅芽鳞边缘或基部具毛。

　　　　3. 叶光滑，近圆形或三角状卵圆形，顶端钝尖或短渐尖，叶先端钝圆、急尖，具密而浅的波状齿；叶柄光滑，先端无腺体，稀具有腺体………………………………………………………………山杨 *P. davidian*

　　　　3. 叶卵形至宽卵形，先端长渐尖至尾状尖，具内曲圆锯齿，齿端有腺点，叶背灰绿色，幼时被密柔毛；叶柄被绒毛，先端具腺体，腺体有柄，明显突起………………………………………响叶杨 *P. adenopoda*

1. 长枝与萌发枝叶常为3~5掌裂；叶两面、叶柄与短枝下面被灰色绒毛或后脱落无毛。

　　　　4. 树枝平展或斜展，树冠宽卵形；树皮白或灰白色；叶初时常密被白柔毛，后脱落变稀，长枝和萌枝叶3~5裂，裂片不对称，裂片钝，其余的叶片卵圆形，具缺刻状或齿牙状粗齿………………银白杨 *P. alba*

　　　　4. 树枝紧抱树冠，使树冠呈尖塔形或圆柱形；树皮灰绿色；叶密被白色长柔毛，不脱落；叶多为深裂，裂片几对称…………………………………………………………新疆杨 *P. alba* var. *pyramidalis*

128

青杨 *Populus cathayana* Rehd. 杨柳科 Salicaceae

树形和习性：落叶乔木，高 30m。树冠宽卵形。
树皮：幼树皮光滑，灰绿色，老时暗灰色，纵裂。
枝条：小枝圆柱形，幼时橄榄绿色，后变橙黄色至灰黄色，无毛；芽长圆锥形，无毛，多黏质。
叶：卵形、椭圆状卵形或椭圆形，长 5~10cm，无毛，先端渐尖或骤宽楔形，基部圆形或浅心形，边缘具腺圆锯齿，背面绿白色；叶柄圆柱形，长 1~3cm，无毛。
花：雌雄异株。雄花序长 5~6cm，雄蕊 30~35；雌花序长 4~5cm，柱头 2~4 裂；花序轴被毛。
果实：果序长 10~15 (20) cm。蒴果卵圆形，长约 0.5cm，(2) 3~4 瓣裂。
花果期：花期 3~5 月；果期 5~7 月。
分布：产东北（黑龙江、吉林西南部、辽宁）、华北、西北、西南（四川）等。为北方常见树种。

树形

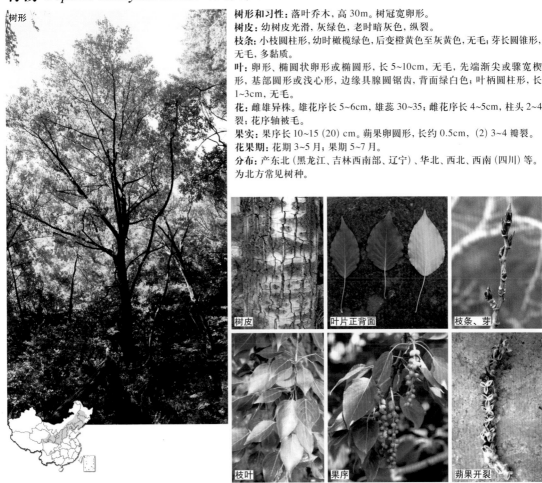

树皮　　叶片正背面　　枝条、芽

枝叶　　果序　　蒴果开裂

单叶→叶对生
叶有锯齿／裂片

快速识别要点

　　树皮浅纵裂；芽长圆锥形，多黏质。小枝黄绿色或灰黄色，圆柱形，有时有棱。叶最宽部在中下部，卵形、椭圆形至狭卵形，边缘具腺圆锯齿；叶柄圆柱形。蒴果 3~4 瓣裂。小枝、芽、叶、叶柄及果序轴无毛。

相近树种识别要点检索

1. 小枝、叶两面、果序轴及蒴果无毛。
　　2. 叶最宽处在中部或中下部，长枝叶与萌枝叶更明显。叶背苍白色。幼枝有棱，红褐色。叶菱状卵形、菱状椭圆形或菱状倒卵形，先端渐尖，叶基部楔形。蒴果 2 瓣裂·····························小叶杨 *P. simonii*
　　2. 叶最宽在中下部；蒴果 (2)3~4 瓣裂。
　　　　3. 叶椭圆形、椭圆状长圆形至倒卵状椭圆形，叶柄有短毛，先端钝尖至急尖，基部狭圆形或宽楔形，叶上面具明显皱纹，下面带白色或稍粉红色。蒴果较大，卵圆形，多 4 瓣裂·····························香杨 *P. koreana*
　　　　3. 叶卵形、椭圆状卵形、椭圆形至狭卵形，叶柄无毛，先端渐尖至突渐尖，基部圆形、宽楔形至浅心形。蒴果 3~4 瓣裂。小枝黄绿色或灰黄色，有时有棱·····························青杨 *P. cathayana*
1. 幼枝有毛；叶先端扭曲，叶沿脉、叶缘和叶柄有毛。蒴果 3~4 瓣裂。
　　　　4. 小枝有棱，断面近方形。叶椭圆形、广椭圆形至近圆形，先端突短尖，密生缘毛。叶基浅心形、心形，叶背微白色。果序轴密生毛，近基部更密，蒴果无毛，无果柄·····························大青杨 *P. ussuriensis*
　　　　4. 小枝密被短柔毛，圆柱形，无棱，常为赤褐色。叶倒卵状椭圆形、广椭圆形、椭圆状卵形至宽卵形，先端渐尖至急尖，有睫毛，叶基浅心形至近圆形。果序轴和蒴果无毛·····························辽杨 *P. maximowiczii*

129

辽杨

辽杨 *Populus maximowiczii* Henry 杨柳科 Salicaceae

叶片正背面　叶缘　果序　蒴果开裂

香杨 *Populus koreana* Rehd. 杨柳科 Salicaceae

树皮　枝芽　叶正面　叶背面

単叶→叶对生
叶有锯齿/裂片

大青杨 *Populus ussuriensis* Kom.
杨柳科 Salicaceae

树形

叶片正背面

小叶杨 *Populus simonii* Carr.
杨柳科 Salicaceae

树形　叶片正背面　枝叶　树干　枝条　果序

131

加杨 *Populus canadensis* Moench 杨柳科 Salicaceae

树形

树形和习性:落叶乔木,高30m,树冠阔卵形。
树皮:灰褐色至黑褐色,深纵裂。
枝条:萌发枝及苗茎有棱角,小枝稍有棱角,无毛,稀微被柔毛。芽大,长圆锥形,富黏质。
叶:三角形或三角状宽卵形,长7~10cm,常长大于宽,叶背淡绿色,先端渐尖,基部截形或宽楔形,有时具1~2腺点,叶缘半透明,具圆钝齿和睫毛;叶柄侧扁而长,幼时带红色,先端常有腺体。
花:雌雄异株;雄花序长7~15cm,花序轴光滑,花盘淡黄绿色,全缘;雌花柱头2裂又2裂,成4裂状。
果实:果序长达27cm;蒴果长卵圆形,长约0.8cm,先端尖,2~3瓣裂。
花果期:花期4月;果期5~6月。
分布:原产北美,于19世纪引入中国。在中国北至哈尔滨以南,南达长江中下游,西见于西南地区广泛栽培。

树皮

叶片正背面

冬芽

雄花序

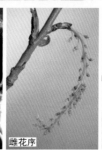

雌花序

果实

快速识别要点

树皮黑褐色,深纵裂。幼枝常具棱;芽大,长圆锥形,富黏质。叶近三角形,叶缘半透明,具圆钝齿和睫毛;叶柄侧扁。花苞片淡褐色,不整齐撕裂,无毛。蒴果2~3瓣裂。

钻天杨 *Populus nigra* L. var. *italica* (Moench) Koehne

树形

相近树种识别要点检索

1. 树枝开展,树冠宽大,为阔卵形、卵形等,但不为圆柱形;叶柄侧扁,叶片三角形;蒴果无柄·················加杨 *P. canadensis*

1. 树枝斜上,紧抱树冠,使树冠成圆柱形;小枝圆,光滑;叶柄上部微侧扁,叶通常宽大于长,为扁三角形;蒴果具长细柄·················钻天杨 *P. nigra* var. *italica*

钻天柳 *Chosenia arbutifolia* (Pall.) A. Skv. 杨柳科 Salicaceae

树形

植株

树形和习性：乔木，高可达 30m，树干通直。

树皮：树皮片状开裂，灰褐色。

枝条：小枝无毛，红棕色，有白粉。尤其早春枝条红色，当地成为红毛柳。

叶：叶长圆状披针形或披针形，先端渐尖，基部楔形，无毛，表面灰绿色，背面苍白色，有白粉，边缘有细锯齿或全缘；无托叶。

花：雌雄异株；雄花序下垂，雄蕊 5，着生于苞片基部，花丝下部与苞片合生，无腺体；雌花序直立或平展。

果实：蒴果 2 瓣裂，无毛。

花果期：花期 5 月；果期 6 月。

分布：黑龙江、吉林、辽宁及内蒙古的大兴安岭、小兴安岭和长白山等地海拔 300~1500m 的河流两岸。俄罗斯远东及东西伯利亚、朝鲜、日本也有分布。为国家二级保护植物。

与柳属的区别：钻天柳没有托叶，而柳属树种有明显的托叶或枝条叶柄两侧有线状托叶痕。

树皮　　　枝叶

叶正面　　　叶背面

钻天柳（上）旱柳（下，有托叶）　　雌花序

快速识别要点

落叶乔木，树皮片状开裂；枝条光滑，红棕色；叶披针形，有疏锯齿，叶背有白粉；无托叶；雌雄异株，雄花序下垂，雄蕊 5，花药黄色；雌花序直立或平展；蒴果。

133

旱柳

相近树种识别要点检索

1. 叶椭圆形或倒卵状椭圆形；子房有毛，具长柄‧‧‧‧‧‧‧‧‧‧‧‧‧‧‧‧‧‧‧‧‧‧‧‧‧‧‧‧‧‧‧‧‧‧‧‧**中国黄花柳 *Salix sinica***
1. 叶披针形或线状披针形；子房无毛，无柄或近无柄。
  2. 叶近对生或对生，无毛，披针形至条状长圆形，全缘或仅上部有疏锯齿；雄蕊花丝合生，幼枝无毛‧‧‧‧‧‧‧‧
    ‧‧**杞柳 *S. integra***
  2. 叶互生。
    3. 叶全缘或微波状，边缘反卷，叶背密被白色丝状绢毛；花苞片深褐色至近黑色‧‧‧‧‧‧‧‧‧‧‧‧**蒿柳 *S. viminalis***
    3. 叶具细锯齿。
      4. 幼枝和叶密被白色长柔毛；花苞片深褐色至近黑色。雄蕊花丝合生‧‧‧‧‧‧‧‧‧‧‧‧**沙柳 *S. cheilophila***
      4. 枝条无毛，叶背面无毛或微被毛。花苞片黄绿色。雄蕊花丝分离。
        5. 枝不下垂；花苞片卵形，两面有短柔毛；花药黄色；雌花具 1 腺体‧‧‧‧‧‧‧‧‧**旱柳 *S. matsudana***
        5. 枝下垂；花苞片披针形，内面无毛；花药红黄色；雌花具 2 腺体‧‧‧‧‧‧‧‧**垂柳 *S. babylonica***

旱柳 *Salix matsudana* Koidz. 杨柳科 Salicaceae

树形

树形和习性：落叶乔木，高 20m，胸径 80cm；树冠广圆形。
树皮：褐色，纵裂。
枝条：大枝斜上，小枝淡黄色，细长，直立或斜展，无毛；无顶芽，侧芽仅具 1 芽鳞。
叶：披针形，叶基窄圆或楔形，背面苍白或带白色，具细腺齿，幼叶有丝状柔毛；叶柄长 0.5~0.8cm，上面有长柔毛。
花：单性，雌雄异株。花苞片卵形，黄绿色，两面有短柔毛。雄花雄蕊 2，腺体 2；雌花子房近无柄，无毛，无花柱或很短，柱头卵形，腺体 2。
果实：蒴果圆锥形，2 瓣裂；种子细小，多暗褐色，基部有簇毛。
花果期：花期 4 月；果期 4 月~5 月。
分布：产黑龙江、吉林、辽宁、内蒙古、河北、山东、江苏南部、浙江西北部、湖北西北部、河南、陕西、新疆及西藏南部，为平原常见栽培树种。

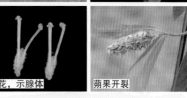

树皮　叶片正背面　雌花序
雄花序　雄花，示腺体　蒴果开裂

快速识别要点

　　落叶乔木。无顶芽，侧芽具 1 芽鳞。叶互生，披针形，无毛，背面苍白或带白色，边缘具细腺齿。柔荑花序直立或斜展；花苞片全缘，黄绿色；花具 1~2 腺体。

单叶→叶对生　叶有锯齿、裂片

垂柳 *Salix babylonica* L. 杨柳科 Salicaceae

树形

叶片正背面

雌花序

杞柳 *Salix integra* Thunb. 杨柳科 Salicaceae

叶形

叶正面

叶背面

沙柳 *Salix cheilophila* Schneid. 杨柳科 Salicaceae

树形

叶被毛

雌花序

雄花序

蒿柳 *Salix viminalis* L. 杨柳科 Salicaceae

树形

蒿柳、沙柳和旱柳叶比较（从左向右）

叶片正背面

中国黄花柳 *Salix sinica* (K.S. Hao ex C.F. Fang et A. K. Skvortsov) G. H. Zhu 杨柳科 Salicaceae

叶形

树皮

果序

芽

东北茶藨子 *Ribes mandshuricum* (Maxim.) Kom. 虎耳草科 Saxifragaceae

果枝

树形和习性: 落叶灌木, 高达 2m。
树皮: 灰褐色, 浅纵裂。
枝条: 小枝褐色, 无毛。
叶: 单叶互生, 长 5~10cm, 掌状 3 裂, 裂片卵状三角形, 先端急尖至短渐尖, 中裂片长, 具不整齐粗锐锯齿或重锯齿, 叶基心形, 幼时密被灰白色短柔毛, 叶背更密, 后脱落, 疏被毛。
花: 两性, 总状花序, 花序轴密被绒毛; 花黄绿色, 单被, 花萼花瓣状, 雄蕊 4~5, 子房下位。
果实: 浆果球形, 径 7~9mm, 红色。
花果期: 花期 5~6 月; 果期 7~8 月。
分布: 产中国东北、西北及华北北部地区; 朝鲜、俄罗斯远东地区亦产。

枝叶

花

花序

果序

单叶↓叶对生
叶有锯齿、裂片

快速识别要点

落叶灌木。单叶互生, 掌状 3 裂, 裂片卵状三角形, 具不整齐粗锐锯齿或重锯齿, 叶基心形, 幼叶密被灰白色短柔毛, 叶背更密。浆果球形, 红色。

相近树种识别要点检索

1. 小枝及果实无刺; 叶较大, 掌状 3 裂, 叶背面被绒毛 ·················· 东北茶藨子 *R. mandshuricum*
1. 小枝及果实具皮刺; 叶小, 近圆形, 掌状 3~5 裂, 叶背淡绿色无毛 ·················· 刺果茶藨子 *R. burejense*

刺果茶藨子 *Ribes burejense* Fr. Schmidt 虎耳草科 Saxifragaceae

皮刺

枝叶

花

果实

齿叶白鹃梅 *Exochorda serratifolia* S. Moore 蔷薇科 Rosaceae

植株

树形和习性： 落叶灌木，高约2m。
树皮： 树皮褐色。
枝条： 枝条细，开展。小枝红褐色，无毛，老时暗褐色。冬芽卵形，无毛，紫红色。
叶： 单叶互生，椭圆形、长椭圆形或矩状倒卵形，长5~9cm，宽3~5cm，中部以上有锐锯齿，下部全缘，老叶两面无毛。叶柄长1~2cm，无托叶。
花： 顶生总状花序有花4~7朵；花较大，直径3~4cm，萼筒浅钟状，花萼三角卵形；花瓣5，长圆形至倒卵形，乳白色，先端微凹，基部有爪；雄蕊着生花盘边缘，子房上位，5心皮合生，花柱分离。
果实： 蒴果倒圆锥形，5棱。种子有翅。
花果期： 花期5~6月；果期7~8月。
分布： 分布于辽宁、河北、北京，生于山坡、河边及灌丛中。北方各地常有栽培。

叶片正背面

花

快速识别要点

　　单叶互生，椭圆形、长椭圆形或矩状倒卵形，中上部有锯齿，无托叶。顶生总状花序，花乳白色，萼筒浅钟状，内具深绿色花盘，花瓣长圆形至倒卵形，先端微凹。蒴果具5棱。

果实

相近树种识别要点检索

1. 中部以上有锐锯齿，下部全缘·······························齿叶白鹃梅 ***E. serratifolia***
1. 叶片全缘，极少数顶端有锯齿·····························白鹃梅 ***E. racemosa***

白鹃梅 *Exochorda racemosa* (Lindl.) Rehd. 蔷薇科 Rosaceae

植株

叶片正背面

花

果实

土庄绣线菊 *Spiraea pubescens* Turcz. 蔷薇科 Rosaceae

植株

树形和习性:落叶灌木,高可达 2m。
枝条:小枝开展,稍弯曲。芽卵形,具多枚芽鳞。
叶:叶菱状卵形或椭圆形,长 2~4.5cm,宽 1.3~2.5cm,先端急尖,基部宽楔形,中部以上有粗齿或缺刻状锯齿,有时 3 裂,叶表面具稀疏柔毛,背面被短柔毛,沿叶脉较密;无托叶。
花:伞形花序有花 15~20,白色,较小,直径 0.5~0.8cm,雄蕊多数,心皮 5,分离。
果实:蓇葖果开张,沿腹缝线具短柔毛,宿存花柱顶生,宿存萼片直立。
花果期:花期 5~6 月;果期 7~8 月。
分布:产黑龙江、吉林、辽宁、内蒙古、河北、山东、河南、山西、陕西、甘肃、四川、安徽。为北方地区林下灌丛的主要组成树种之一。

叶背面

花序

聚合蓇葖果

快速识别要点

落叶灌木。单叶互生,菱状卵形或椭圆形,中部以上有粗齿,叶背灰白色,被短柔毛。伞形花序,花冠较小,白色,心皮 5。聚合蓇葖果 5 裂。

相近树种识别要点检索

1. 花序生于二年生枝的芽发生的有叶或无叶的短枝顶,伞形花序或伞形总状花序。
　2. 冬芽具有数个外露芽鳞。叶缘有明显的锯齿、缺刻或分裂。
　　3. 叶背无毛;叶片近圆形,平滑,先端钝,常 3 裂;有明显 3~5 出脉··········**三裂绣线菊 *S. trilobata***
　　3. 叶背有毛;叶片菱状卵形或椭圆形,叶面有皱脉纹,先端急尖,中上部有深刻锯齿,羽状脉。
　　　4. 叶背具灰色短柔毛,花序无毛;蓇葖果仅沿腹缝线具毛··········**土庄绣线菊 *S. pubescens***
　　　4. 叶背密被白色绒毛、叶柄、花序及蓇葖果被绒毛··········**毛花绣线菊 *S. dasyantha***
　2. 冬芽具 2 芽鳞。叶长圆形之椭圆形,叶缘全缘或仅先端有圆钝锯齿,小枝、叶及花序均无毛,叶柄极短··········**蒙古绣线菊 *S. mongolica***
1. 花序生于当年生具叶长枝顶端,复伞房花序··········**华北绣线菊 *S. fritschiana***

毛花绣线菊 *Spiraea dasyantha* Bunge 蔷薇科 Rosaceae

植株

叶片正背面

花序

三裂绣线菊 *Spiraea trilobata* L. 蔷薇科 Rosaceae

植株

树形和习性：落叶灌木，高可达 2m。

枝条：小枝细弱，稍呈"之"字形弯曲，幼时黄褐色。芽宽卵形，具多枚芽鳞。

叶：单叶互生，近圆形，长 1.7~3cm，先端钝，常 3 裂，基部圆形，中部以上具少数圆钝锯齿，两面无毛，基部明显 3~5 脉；无托叶。

花：伞形花序，无毛，花白色，较小，直径 0.6~0.8cm，雄蕊多数，心皮 5，分离。

果实：蓇葖果无毛。

花果期：花期 5~6 月；果期 7~8 月。

分布：产黑龙江南部、吉林北部、辽宁、内蒙古、河北、山东、江苏西南部、安徽南部、河南、山西、陕西、甘肃、新疆。为华北地区阳坡灌丛的主要组成树种之一。

叶片正背面

花序

花

果实

快速识别要点

低矮灌木。单叶互生，近圆形，光滑无毛，先端钝，常 3 裂，中部以上具少数圆钝锯齿，具明显 3~5 脉。伞形花序，花冠白色，较小。聚合蓇葖果。

华北绣线菊 *Spiraea fritschiana* Schneid. 蔷薇科 Rosaceae

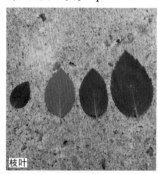
枝叶

花序

果序

蒙古绣线菊 *Spiraea mongolica* Maxim. 蔷薇科 Rosaceae

植株

枝叶

花序

140

火棘 *Pyracantha fortuneana* (Maxim.) Li 蔷薇科 Rosaceae

成熟果实

树形和习性: 常绿灌木或小乔木,高可达 3m。
枝条: 幼枝被锈色短柔毛,后无毛,顶端常具枝刺。
叶: 单叶,互生,倒卵形或倒卵状短圆形,长 1.5~6cm,宽 0.5~2cm,有光泽,先端圆钝或微凹,基部楔形,边缘有内弯钝锯齿,近基部全缘;托叶细小,早落。
花: 复伞房花序;花萼 5,花瓣 5,白色,雄蕊 15~20,心皮 5,子房半下位,密被白色柔毛。
果实: 梨果近球形,径 0.5cm,橘红色或深红色。
花果期: 花期 3~5 月;果期 8~11 月。
分布: 产河南西部、江苏西南部、浙江西北部、福建、湖北、湖南西北部、广西东北部及西北部、贵州、云南、西藏南部、四川、陕西南部。北方常栽培作绿篱或盆景观赏。

幼果及枝叶

花序

快速识别要点

　　常绿具枝刺灌木。叶倒卵形至倒卵状长圆形,先端圆钝或微凹,中部以上最宽,叶基全缘,表面有光泽,叶背绿色。复伞房花序,花白色。梨果近球形,成熟时橘红色或深红色。

 单叶↓叶对生
叶有锯齿、裂片

石楠 *Photinia serrulata* Lindl. 蔷薇科 Rosaceae

树形

树形和习性: 常绿灌木或小乔木,高 4~10m。
树皮: 黑褐色,近光滑。
枝条: 枝灰褐色,光滑无毛。
叶: 叶革质,长椭圆形、长倒卵形或倒卵状椭圆形,长 9~22cm,宽 3~6.5cm,先端渐尖至尾尖,基部楔形或宽楔形,具细腺齿,齿尖硬,近基部全缘,表面光亮,两面无毛。
花: 大型复伞房花序顶生,总花梗及花梗无毛;花白色,密生;雄蕊 20,花药带紫色;花柱 2 (3),基部合生,子房半下位。
果实: 梨果近球形,径 0.5~0.6cm,成熟时红色,而后变为褐紫色。
花果期: 花期 4~5 月;果期 10 月。
分布: 产河南南部、安徽南部、江苏南部、浙江、福建、台湾、江西、湖北、湖南、广东南部、广西、云南、贵州、四川、甘肃南部、陕西南部。北方常栽培观赏。

叶片正背面

果序

快速识别要点

　　常绿灌木或小乔木。叶革质,长椭圆形至倒卵状椭圆形,表面光亮,无毛,具细腺齿,齿尖硬。大型复伞房花序顶生,白色花密生。梨果近球形,熟时红色。

叶、果

山楂 *Crataegus pinnatifida* Bunge 蔷薇科 Rosaceae

树形

树皮

树形和习性: 落叶小乔木,高5m。
树皮: 粗糙,暗灰色或灰褐色。
枝条: 小枝紫褐色,常具枝刺。
叶: 叶宽卵形或三角状卵形,长5~10cm,宽4~7.5cm,先端短渐尖,基部截形或宽楔形,通常两侧各有3~5对羽状深裂片,表面深绿色,有光泽,无毛,背面沿叶脉有疏柔毛;托叶镰形,有锯齿。
花: 伞房花序,多花,花序梗及花梗均被柔毛。花白色,5基数,子房下位。
果实: 梨果近球形或卵形,径1~1.5cm,深红色;小核3~5,外面稍具棱。
花果期: 花期4~5月;果期9~10月。
分布: 产黑龙江、吉林、辽宁、内蒙古东部、宁夏南部、陕西、山西、河北、河南、山东、江苏及安徽西南部。常作变种山里红的砧木。

北方普遍栽培其变种山里红 *Crataegus pinnatifida* Bunge var. *major* N. E. Br.,枝刺少,果实较大,直径达2.5cm,深红色;叶浅裂。

枝刺

叶片正背面

托叶

快速识别要点

小枝紫褐色,具枝刺。叶宽卵形,两侧各3~5对羽状深裂片。花序梗及花梗均被柔毛,花白色,花药黄色带紫,子房下位。梨果近球形,深红色,白色皮孔明显。

花

果实

山楂(右)山里红(左)果实比较

单叶 → 叶对生
叶有锯齿、裂片

相近树种识别要点检索

1. 叶3~5羽状深裂,侧脉可伸达裂片先端和裂片分裂处。花序梗及花梗均被柔毛;果深红色,小核3~5,内面两侧平滑······················山楂 *C. pinnatifida*
1. 叶羽状浅裂,侧脉伸达裂片先端,但分裂处无侧脉,花序梗和花梗均无毛;果核小核内面两侧有凹痕。
  2. 叶宽卵形,有5~7对浅裂,锯齿较密,叶基截形或宽楔形,上面无毛,叶背有疏毛;托叶具腺齿。果红或橘黄色;小核2~3······················甘肃山楂 *C. kansuensis*
  2. 叶宽卵形至菱状卵形,具3~5对浅裂片和重锯齿,叶基楔形,两面微被短柔毛,托叶具粗齿,无毛;果实血红色,小核3······················辽宁山楂 *C. sanguinea*

山里红 *Crataegus pinnatifida* Bunge var. *major* N. E. Br. 蔷薇科 Rosaceae

树形

叶片正背面

果实

甘肃山楂 *Crataegus kansuensis* Wils. 薔薇科 Rosaceae

叶

花序

幼果

辽宁山楂 *Crataegus sanguinea* Pall. 薔薇科 Rosaceae

树干

枝叶

果枝

果实

皱皮木瓜 (贴梗海棠) *Chaenomeles speciosa* (Sweet) Nakai 薔薇科 Rosaceae

树形

树形和习性: 落叶灌木,高 2m。

枝条: 小枝紫褐色或黑褐色,无毛,顶端常具枝刺。

叶: 叶卵形至椭圆形,先端急尖,稀圆钝,基部楔形或宽楔形,叶缘具锯齿,齿端具腺体,两面光滑;托叶肾形或椭圆形,边缘有尖锐重锯齿。

花: 花直径 3~5cm,猩红色,稀淡红色或白色常 3~5 簇生,先叶开放或与叶同放,花梗短。萼片全缘,直立,雄蕊 20 或多数,子房下位,花柱 5,基部合生。

果实: 梨果球形或卵球形,径 4~6cm,黄色或带黄绿色。

花果期: 花期 3~5 月;果期 9~10 月。

分布: 产甘肃、陕西、四川、贵州、云南、广东。北方常栽培观赏,其栽培品种花瓣有单瓣、重瓣,花色有白色、橙红色、粉红色或红色。

叶及托叶

花

果实

快速识别要点

　　落叶灌木,具枝刺。叶卵形至椭圆形,边缘有腺齿;托叶肾形,有腺齿。花猩红色,3~5 朵簇生,子房下位。梨果球形或卵球形,黄色或带黄绿色。

杜梨 *Pyrus betulifolia* Bunge　蔷薇科　Rosaceae

树形

树形和习性：落叶乔木，高 10m。树冠开展，阔卵形或近圆形。

树皮：灰褐色，小块状纵裂。

枝条：常具枝刺；幼枝密被灰色绒毛，后脱落。

叶：单叶互生，菱状卵形或椭圆形，长 4~8cm，宽 2.5~3.5cm，叶缘有尖锐锯齿；幼叶两面密被灰白绒毛，老叶仅背面有毛。

花：伞形总状花序，有花 10~15 朵，花序梗和花梗均被灰白色绒毛；花白色，径 1.5~2cm，萼片三角形，两面被绒毛；花瓣 5，宽卵形，先端圆钝，雄蕊 20，花药紫色；花柱 2~3，分离。

果实：梨果，近球形，径 0.5~1.0cm，褐色，有淡色斑点，萼片脱落。果柄细长，密被白色绒毛。

花果期：花期 4 月，果期 8~9 月。

分布：产辽宁南部、河北、山西、河南、安徽、江苏、浙江东北部、江西北部、湖北、陕西北部、甘肃东南部及宁夏。本种为北方栽培梨的优良砧木，又是华北、西北地区防护林及沙荒造林树种。

树皮　　叶背　　花序　　花　　果实

快速识别要点

落叶乔木，常具枝刺；树皮小块状纵裂；小枝、叶背及花序密生灰白色绒毛。叶菱状卵形，有尖锐锯齿。花白色，花药紫色。梨果小，近球形，褐色，花萼脱落，果柄细长，密被白色绒毛。

相近树种识别要点检索

1. 叶缘具芒状尖锐锯齿，齿芒显著。果黄色。
  2. 叶卵形至宽卵形，叶基圆形至近心形；幼枝和叶无毛或微被毛，后脱落。花序有毛，花柱5，果实基部微凹，果梗短，花萼宿存································**秋子梨 *P. ussuriensis***
  2. 叶卵形至椭圆状卵形，叶基宽楔形；小枝、叶及花序幼时被柔毛，后脱落。花柱4~5；果实基部不凹下，花萼脱落，果梗肥厚································**白梨 *P. bretschneideri***
1. 叶菱状卵形，有尖锐锯齿，齿尖不带刺芒，基部宽楔形。幼枝、花序、叶背及果梗被白色绒毛；花柱2~4。果小，褐色，近球形································**杜梨 *P. betulifolia***

单叶↓叶对生　叶有锯齿、裂片

秋子梨 *Pyrus ussuriensis* Maxim.
蔷薇科　Rosaceae

树形

树皮

叶片正背面

叶缘

花

果实，花萼宿存

白梨 *Pyrus bretschneideri* Rehd.
蔷薇科　Rosaceae

树形

幼果，花萼尚未脱落

山荆子 *Malus baccata* (L.) Borkh. 蔷薇科 Rosaceae

植株

树形和习性：落叶乔木，高达 14m；树冠阔圆形。
树皮：灰色，浅纵裂。
枝条：小枝细弱，无毛，红褐色，老时暗褐色。冬芽卵形。
叶：单叶互生，椭圆形至卵形，长 3~8cm，宽 2~3.5cm，先端渐尖，稀尾状渐尖，基部楔形或圆形，具细锐锯齿，无毛或嫩时稍有短柔毛。
花：伞形花序，有花 4~6 朵集生枝顶；萼片披针形，先端渐尖，脱落，花瓣 5，倒卵形，白色，基部有短爪，雄蕊 15~20，花药黄色，花柱 4~5，基部合生，子房下位。
果实：梨果，近球形，径 0.8~1.0cm，红色或黄色，萼片脱落；果梗长 3~4m。
花果期：花期 4~6 月；果期 9~10 月。
分布：产东北、华北、西北、西南等地区，生于海拔 50~1500m 的山坡杂木林、山谷、溪边。春天白花满树，秋季红果累累，可栽作庭园观赏树，又可作苹果的砧木。

树干

叶片正背面

果枝及叶

花

果实

快速识别要点

落叶乔木。叶、叶柄或花序均无毛。叶椭圆形或卵形，先端渐尖。伞形花序；花白色，花药黄色，子房下位。梨果小，红色或黄色，萼片脱落，具长柄。

相近树种识别要点检索

1. 幼枝、叶片、花梗及花萼外光滑无毛；叶椭圆形至卵形，具细锐锯齿；果实径 0.8~1cm，萼片脱落‥‥‥‥‥‥山荆子 *M. baccata*
1. 幼枝、叶片、花梗及花萼外均被柔毛；果实径 1cm 以上，萼片宿存或脱落。
  2. 叶片不裂，通常椭圆形；花柱 5；果实近球形或扁球形，经 2cm 以上，萼片宿存。
    3. 叶椭圆形、卵形至宽椭圆形，先端急尖，具圆钝锯齿。萼片先端渐尖，长于萼筒；果实大，常在 2cm 以上，果梗粗短‥‥‥苹果 *M. pumila*
    3. 叶椭圆形至长椭圆形，先端短渐尖或圆钝，具紧贴细锯齿，有时部分近于全缘；萼片先端急尖，短于萼筒或等长；果实径约 2cm，黄色，果梗细长‥‥‥‥‥‥‥‥‥‥‥‥‥‥‥‥‥‥‥‥‥‥‥‥‥‥‥‥‥‥‥‥‥‥海棠花 *M. spectabilis*
  2. 叶片通常 3 浅裂，卵形或宽卵形；花柱通常 3；果实椭圆形或倒卵形，径 1~1.5cm，萼片脱落；果梗长 2~3.5cm‥‥‥‥‥‥‥‥‥‥‥‥‥‥‥‥‥‥‥‥‥‥‥‥‥‥‥‥‥陇东海棠 *M. kansuensis*

海棠花 *Malus spectabilis* (Ait.) Borkh. 蔷薇科 Rosaceae

花枝

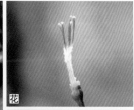
花

叶片正背面

果实

苹果 *Malus pumila* Mill. 蔷薇科 Rosaceae

树形

幼叶叶缘

幼枝

叶

花

花枝

果实

果实

叶有锯齿、裂片
单叶↓叶对生

陇东海棠 *Malus kansuensis*（Batal.）Schneid. 蔷薇科 Rosaceae

树形

叶片正背面

花序

花枝

枝叶

果序

干后的果实

牛叠肚（山楂叶悬钩子）*Rubus crataegifolius* Bunge 蔷薇科 Rosaceae

植株

树形和习性: 落叶灌木，高 2~3m。
枝条: 小枝红褐色，有棱，常拱形弯曲，具皮刺。
叶: 单叶，卵形或长卵形，长 5~12cm，宽 5~8cm，先端渐尖，基部心形或近截形，表面近无毛，背面脉上有柔毛和小皮刺，叶缘 3~5 掌状开裂，具不规则缺刻状锯齿；基部具掌状 3~5 脉；托叶合生，线形。
花: 花数朵簇生或成短总状花序，顶生。花径 1~1.5cm；萼片卵状三角形或卵形，先端渐尖；花瓣白色，椭圆形或长圆形；雄蕊直立，花丝宽扁。
果实: 聚合核果近球形，径约 1cm，熟时暗红色，无毛，有光泽。
花果期: 花期 5~6 月；果期 7~9 月。
分布: 产黑龙江南部、吉林东南部、辽宁、河北、山东、河南、山西；是北方阳坡灌丛或林缘的主要组成树种。

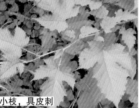
小枝，具皮刺

叶片正背面

花

果实

快速识别要点

小枝红褐色，拱形弯曲，具弯曲皮刺。单叶，3~5 掌状裂，边缘具不规则缺刻状锯齿。聚合核果近球形，熟时暗红色。

相近树种识别要点检索

1. 单叶，叶缘 3~5 裂或叶缘波状；果实光滑。
  2. 叶卵形或长卵形，叶缘 3~5 掌状分裂，具不规则缺刻状锯齿；托叶合生；花数朵簇生或短总状花序；果实大，暗红色·················**牛叠肚 *R. crataegifolius***
  2. 叶宽卵形，叶缘 3~5 浅裂或叶缘波状，具细锯齿；托叶离生；圆锥花序；果实小，近球形，红色·················
·················**高粱泡 *R. lambertianus***
1. 复叶，小叶 3~7，长卵形成椭圆形，顶生小叶常卵形，背面密被灰白色绒毛；短总状花序；果近球形，红色或橙黄色，密被短绒毛·················**复盆子 *R. idaeus***

高粱泡 *Rubus lambertianus* Ser. 蔷薇科 Rosaceae

小枝、叶

果序

果实

复盆子 *Rubus idaeus* L. 蔷薇科 Rosaceae

枝叶　花序　果实

棣棠花 *Kerria japonica* (L.) DC. 蔷薇科 Rosaceae

植株

树形和习性：落叶灌木，高达 3m。
枝条：小枝绿色，具棱，常拱垂。
叶：单叶互生，三角状卵形或卵圆形，先端长渐尖，基部平截或近心形，有尖锐重锯齿，表面无毛或有稀疏柔毛，背面沿脉和脉腋有柔毛；托叶膜质，带状披针形，早落。
花：花两性，单生于当年生侧枝先端；5 基数，黄色，花径 3~4.5cm，雄蕊多数，成数束，花盘环状，被疏柔毛，心皮 5~8，分离。
果实：聚合瘦果侧扁，倒卵形或半球形，成熟时褐色或黑褐色；萼片宿存。
花果期：花期 4 月；果期 6~8 月。
分布：产山东、河南、安徽、江苏南部、浙江、福建、江西、湖南、湖北、贵州、云南、四川、甘肃及陕西南部；北方各地庭园栽培观赏的常为重瓣类型。

叶片正背面　花枝

花　聚合果

快速识别要点

　　灌木；小枝绿色，常拱形下弯。单叶互生，三角状卵形或卵圆形，边缘有尖锐重锯齿。花黄色，单生于当年生侧枝先端，栽培者常为重瓣；雄蕊多数，成数束，心皮 5~8，分离，果实黑色，光亮，萼片宿存。

蕤核 *Prinsepia uniflora* Batal. 蔷薇科 Rosaceae

树形

树形和习性：灌木，高 1~2m，树皮光滑。
枝条：老枝紫褐色，小枝灰绿色或灰褐色；枝刺钻形，刺上不生叶。
叶：互生或丛生，近无柄；叶片长圆披针形或狭长圆形，长 2~5.5cm，宽 6~8cm，先端圆钝或急尖，基部楔形或宽楔形，全缘，有时浅波状或有不明显锯齿，中脉突起，两面无毛。
花：单生或 2~3 朵，簇生于叶丛内；花瓣白色，有紫色脉纹，倒卵形，先端啮蚀状，基部有短爪；雄蕊 10；花柱侧生。
果实：核果球形，红褐色或黑褐色；果左右压扁，有沟纹；花萼宿存。
花果期：花期 4~5 月，果期 8~9 月。
分布：河南、山西、陕西、内蒙古、甘肃和四川等。

花枝

幼果枝
花

叶片正背面

枝刺及叶　果枝

成熟果枝

快速识别要点

　　落叶灌木，有枝刺。叶互生或丛生，长圆披针形或狭长圆形，全缘，稀浅波状或有不明显锯齿。花单生或簇生，白色，雄蕊 10。核果红褐色或黑褐色。

东北扁核木 *Prinsepia sinensis* (Oliv.) Oliv. ex Bean 蔷薇科 Rosaceae

花枝

花

果枝

果核

相近树种识别要点检索

1. 花为总状花序；雄蕊多数，排成数轮；小枝绿色；枝刺上有叶；核果长圆形，核平滑。（分布云南、四川、贵州、西藏，北方不产）······**扁核木 P. utilis**
1. 花簇生或单生；雄蕊 10，2 轮；小枝灰色；枝刺上无叶；核果球形，核有皱纹。
　2. 花黄色，簇生，稀单生；小叶片卵状披针形至披针形；花梗长 1~1.8cm······**东北扁核木 P. sinensis**
　2. 花白色，单生，稀 2~3 朵簇生。
　　3. 叶片全缘，有时呈波状或有不明显锯齿，长圆披针形或狭长圆形，花梗长 3~5mm······**蕤核 P. uniflora**
　　3. 叶片边缘有明显锯齿，不育枝上叶片卵状披针形或卵状长圆形，花枝上叶片长圆形或窄椭圆形，花梗长 5~15mm
　　······**齿叶扁核木 P. uniflora var. serrata**

齿叶扁核木 *Prinsepia uniflora* Batal. var. *serrata* Rehd. 蔷薇科 Rosaceae

幼果枝

花枝

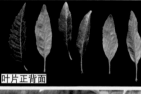
叶片正背面

幼果和枝刺

果枝

山桃 *Amygdalus davidiana* (Carr.) de Vos ex Henry 蔷薇科 Rosaceae

树形

树形和习性：落叶乔木，高达10m；树冠常为近圆形或卵球形。
树皮：树皮红棕色，有光泽，具明显的横生皮孔。
枝条：小枝细长，灰色。具顶芽，腋芽常为2~3，并生，两侧为花芽。幼叶在芽内呈覆瓦状排列。
叶：叶卵状披针形，长5~13cm，宽1.5~4cm，先端长渐尖，基部楔形，边缘有细锐锯齿，两面无毛。
花：花两性，单生，花梗极短或几无梗，先叶开放；子房上位周位花，萼筒钟形，萼片紫色，花瓣白色或浅粉红色，雄蕊多数，子房被毛。
果实：核果近球形，径2.5~3.5cm，有沟，熟时淡黄色，密被短柔毛；果肉薄而干燥，成熟时不裂或开裂；核球形或近球形，两侧常不扁，先端钝圆，表面具纵横沟纹和孔穴。
花果期：花期3~4月；果期7~8月。
分布：产黑龙江南部、辽宁、内蒙古、河北、山东东部、河南、山西、陕西、甘肃、新疆、青海东部、四川、云南；是北方杂木林的主要组成树种，常栽培观赏或用作砧木。

树皮

枝叶

叶片正背面

并生芽

花

快速识别要点

树皮红棕色，环状开裂，具横生皮孔。小枝细长，灰色。叶卵状披针形。花单生，先叶开放，白色或浅粉红色。核果果肉薄而干燥；核近球形，表面具纵横沟纹和孔穴。

果实

果核

单叶↓叶对生　叶有锯齿、裂片

相近树种识别要点检索

1. 叶披针形或倒披针形，边缘有单锯齿；核果绿黄色，果核表面具纵横沟纹和孔穴。
　2. 小枝灰褐色；叶披针形，最宽在中下部，果肉薄而干燥，核近球形·················**山桃 A. davidiana**
　2. 小枝背光面绿色，迎光面紫红色；叶倒卵状披针形，最宽在中上部；果肉厚而多汁，核两侧扁平··················**桃 A. persica**
1. 叶宽椭圆形或倒卵形，先端常3裂，边缘有重锯齿；小枝紫色；果实红色，果核球形，先端圆钝，表面具不整齐的网状浅沟··················**榆叶梅 A. triloba**

桃 *Amygdalus persica* L. 蔷薇科 Rosaceae

树形

果枝带叶片

枝条向阳面的并生芽

叶片正背面

花

花萼

果肉果核

果核

榆叶梅 *Amygdalus triloba* (Lindl.) Ricker 蔷薇科 Rosaceae

植株

叶片

花

果实

梅 *Armeniaca mume* Sieb. 蔷薇科 Rosaceae

植株

树形和习性: 小乔木, 稀灌木, 高达10m。
枝条: 小枝绿色, 常具枝刺。
叶: 叶卵形或椭圆形, 长4~8cm, 宽1.5~5cm, 先端尾尖, 成熟时无毛; 叶柄常有腺体。
花: 花两性, 单生或2~3朵集生, 5基数, 径2~2.5cm; 子房上位周位花, 萼筒钟形, 萼片红紫色; 花瓣白色或粉红色, 雄蕊多数, 香味浓。
果实: 核果近球形, 径2~3cm, 熟时黄色或绿白色, 被柔毛, 味酸; 核椭圆形, 表面有明显纵沟, 具蜂窝状孔穴。
花果期: 花期1~3月; 果期5~6月(华北7~8月)。
分布: 原产中国华中至西南山区, 北京以南各地均有栽培, 但以长江流域以南为多。某些品种已在华北地区引栽成功。是中国传统的果树和名花。

単叶↓叶对生
叶有锯齿、裂片

树干

花枝

叶柄, 示腺体

花

花正面

果实

果核

快速识别要点

小枝绿色, 常具枝刺。叶卵形或椭圆形, 先端常尾尖, 叶柄常有腺体。蔷薇型花冠, 具香味。果核表面有明显纵沟和蜂窝状孔穴。

相近树种识别要点检索

1. 一年生枝灰褐色或红褐色; 核常无蜂窝状孔穴。
  2. 叶片先端急尖或短渐尖; 果肉质, 具汁液, 成熟时不裂; 核基部常对称·················杏 *A. vulgaris*
  2. 叶片先端长渐尖至尾尖; 果干燥, 成熟时开裂; 核基部常不对称·················山杏 *A. sibirica*
1. 一年生枝绿色, 常具枝刺; 核具蜂窝状孔穴·································梅 *A. mume*

151

杏 *Armeniaca vulgaris* Lam. 蔷薇科 Rosaceae

植株

树形和习性：乔木，高达 8m；树冠球形或扁球形。
树皮：树皮灰褐色，纵裂。
枝条：多年生枝浅褐色，皮孔大而横生，一年生枝浅红褐色，有光泽，具多数小皮孔。
叶：宽卵形或圆卵形，长 5~9cm，宽 4~8cm，先端急尖或短渐尖，基部圆形或近心形，叶缘有圆钝单锯齿；叶柄顶端或叶片基部常有腺体。
花：花单生，径 2~3cm；子房上位周位花，花萼紫色，花后反折，花瓣圆形或倒卵形，粉红色，具爪，雄蕊 20~45，子房被短柔毛。
果实：核果近球形，径约 2.5cm 以上，熟时白、黄或黄红色；核卵形，表面稍粗糙或平滑，具龙骨状棱；种仁味苦或甜。
花果期：花期 3~4 月；果期 6~7 月。
分布：产新疆天山东部和西部，在伊犁成纯林或与新疆野苹果混生。全国各地多为栽培，尤以华北、西北和华东地区种植较多，少数地区已野化。

山杏 *Armeniaca sibirica* (L.) Lam.——常见近缘种，主要区别在于山杏为灌木或小乔木，高 2~5m；叶片卵形或近圆形，先端长尾尖至渐尖；果实成熟时开裂。

叶片正背面

叶形、腺体

果实

核果

花

快速识别要点

树冠近球形；小枝红褐色。叶宽卵形或圆卵形，叶柄顶端或叶片基部常有腺体。蔷薇型花冠白色略带粉红，子房上位周位花，萼片紫色，花后常反折。核果近球形，核表面较光滑。

山杏（西伯利亚杏）*Armeniaca sibirica*（L.）Lam. 蔷薇科 Rosaceae

树形

树形和习性：落叶小乔木或灌木，高 10m；树冠圆整。
枝干：树皮灰褐色，纵裂；小枝灰褐色或红褐色。
叶：叶卵形或近圆形，先端长渐尖，基部圆形或近心形，边缘有细锯齿，两面无毛或在下面沿叶脉有短柔毛；叶柄近顶端有两腺点或无。
花：花单生，近无梗，花瓣白色或粉红色。
果实：核果有沟，近球形，两侧扁，直径约 3cm，黄色带红晕，微有短柔毛；果肉较薄而干燥，成熟时开裂，不能吃。
花果期：花期 5 月；果实成熟期 7~8 月。
分布：产黑龙江、吉林、辽宁、内蒙古、河北、山西、新疆、青海，生于海拔 400~2000m 干旱阳坡、山沟石崖、丘陵草原、林下或灌丛中。
习性：喜光，耐寒性强，耐干旱瘠薄。
园林应用：早春开花，繁茂美观，宜群植、林植，形成"十里杏花村"的春景；抗干旱瘠薄的特性，适合大面积荒山绿化。
栽培品种：'辽梅'山杏（'Plena'）：花大而重瓣，形似梅花。

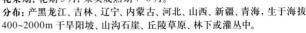
树干

快速识别要点

叶卵形或近圆形，先端长渐尖，叶柄近顶端常有两腺点；花单生，近无梗，白色或粉红色；核果有沟，近球形。

叶片正背面

花

干燥果实及果核

叶有锯齿、裂片
单叶↓叶对生

李 *Prunus salicina* Lindl. 蔷薇科 Rosaceae

树形

树形和习性：落叶乔木，高达 12m；树冠广圆形。
树皮：灰褐色，光滑，起伏不平。
枝条：小枝黄红色，老时紫褐色或红褐色，无毛，具刺。无顶芽，侧芽卵圆形，紫红色。
叶：长圆状倒卵形或长矩圆形，长 6~8 (~12) cm，宽 3~5cm，先端渐尖、急尖或短尾尖，边缘有圆钝重锯齿，背面脉腋有簇生毛；叶柄长 1~1.5cm，近顶端常有 2~3 腺体。
花：常 3 朵并生；花径 1.5~2.2cm，蔷薇形花冠，花萼筒状，花瓣白色，子房无毛。
果实：核果球形或卵球形，径 1.5~5 (7) cm，黄色或红色，有时为绿色或紫色，外被蜡粉；核表面有皱纹。
花果期：花期 4 月；果期 7~8 月。
分布：喜光树种，生长快，寿命短。中国东北、华北、华中、华南、西南等地有栽培，野生种分布于海拔 400~2000m 山坡灌丛内、山谷疏林中和沟谷溪边。为中国普遍栽培的果树之一。

快速识别要点

　　落叶乔木。叶长圆状倒卵形或长矩圆形；叶柄近顶端常有腺体。花有梗；花萼筒状，花瓣白色。核果无毛，外被蜡粉，果核有皱纹。

树干

叶片正背面

花序

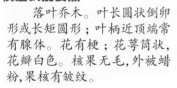
果实

果核

果枝

单叶↓叶对生

叶有锯齿、裂片

樱桃 *Cerasus pseudocerasus* (Lindl.) Loudon 蔷薇科 Rosaceae

果枝　　树皮　　叶片正背面　　果枝　　果实

欧李 *Cerasus humilis* (Bunge) Sok. 蔷薇科 Rosaceae

植株

树形和习性: 落叶小灌木, 高 0.4~1.5m。

枝条: 小枝灰褐色或棕褐色, 被柔毛; 腋芽 3 个并生。

叶: 倒卵状矩圆形或倒卵状披针形, 中上部最宽, 长 2.5~5cm, 宽 1~2cm, 先端急尖或短渐尖, 基部楔形, 边缘有单锯齿或重锯齿, 两面无毛或背面被稀疏短柔毛, 表面皱褶; 托叶线形, 边缘有腺体。

花: 花单生或 2~3 朵并生; 花梗明显, 长 0.8~1.3cm; 蔷薇形花冠, 花瓣长圆形或倒卵形, 白或粉红色, 萼筒杯状, 萼片反卷;

果实: 核果近球形, 径 1.5~1.8cm, 红色或紫红色, 无沟, 不具毛和蜡粉。

花果期: 花期 4~5 月; 果期 6~10 月。

分布: 产黑龙江、吉林、辽宁、内蒙古、河北、河南、山东、江苏, 生于海拔 100~1800m 阳坡沙地或山地灌丛中。果味酸可食, 可栽培观赏或作砧木, 亦为优良的水土保持树种。

叶背面

花

果实

果肉及果核

快速识别要点

落叶小灌木。叶倒卵状矩圆形或倒卵状披针形, 中上部最宽, 表面皱褶。蔷薇形花冠, 萼筒杯状, 萼片反卷, 花瓣白或粉红色。小核果, 无沟。

单叶→叶对生 叶有锯齿、裂片

相近树种识别要点检索

1. 乔木; 腋芽单生 ······ 樱桃 *C. pseudocerasus*
1. 灌木; 腋芽 3 个并生。
  2. 叶和果实光滑无毛; 花梗明显, 萼筒杯状, 核果具长柄 ······ 欧李 *C. humilis*
  2. 叶和果实密被绒毛; 花梗很短, 萼筒筒状, 核果近无柄 ······ 毛樱桃 *C. tomentosa*

毛樱桃 *Cerasus tomentosa* (Thunb.) Wall. ex T. T. Yü et C. L. Li 蔷薇科 Rosaceae

叶片正背面

花

果枝

果实

枝条

稠李 *Padus racemosa* (Lam.) Gilib. 蔷薇科 Rosaceae

树形

树形和习性：乔木，高达 15m。
树皮：粗糙而具斑纹。
枝条：老枝紫褐色或灰褐色，有浅色皮孔；幼枝红褐色，被绒毛，后脱落无毛。冬芽无毛或鳞片边缘有睫毛。
叶：叶椭圆形、短圆形或矩圆状倒卵形，长 4~10cm，宽 2~4.5cm，先端尾尖，基部圆形或宽楔形，叶缘有不规则锐锯齿，两面无毛；叶柄先端两侧各具 1 腺体。
花：总状花序，基部有 2~3 叶，花序梗和花梗无毛；花径 1~1.6cm，萼筒钟状，萼片三角状卵形，有带腺细锯齿，花瓣白色，长圆形，雄蕊多数，花柱比雄蕊短近 1 倍。
果实：核果卵球形，径 0.8~1.0cm，红褐色或黑色；果柄无毛；萼片脱落。
花果期：花期 4~5 月；果期 5~10 月。
分布：产黑龙江、吉林、辽宁、内蒙古、河北、山西、山东、河南及新疆。

　　毛叶稠李 *Padus racemosa* var. *pubescens* 与稠李的区别是叶背密被黄褐色绒毛。

叶柄腺体

枝条

叶片正背面

花序

快速识别要点

　　乔木。叶椭圆形、短圆形或矩圆状倒卵形，叶柄先端具 2 腺体，叶缘有不规则锐锯齿，两面无毛。总状花序，基部有 2~3 叶；花瓣白色。核果紫黑色。

果枝

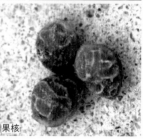
果核

単叶→叶对生
叶有锯齿、裂片

毛叶稠李 *Padus racemosa* (Lam.) Gilib. var. *pubescens* (Regel et Tiling) Schneid.
蔷薇科 Rosaceae

枝条

叶片背面

水榆花楸 *Sorbus alnifolia* (Sieb. et Zucc.) K. Koch 蔷薇科 Rosaceae

果序

树干

树形和习性: 落叶乔木,高达 20m。

树皮: 灰褐色,具横生皮孔。

枝条: 小枝圆柱形,具灰白色皮孔,无毛;冬芽卵形,先端急尖。

叶: 叶片卵形至椭圆卵形,长 5~10cm,宽 3~6cm,先端短渐尖,基部宽楔形至圆形,边缘有不整齐的尖锐重锯齿,侧脉 6~10(14) 对,直达叶边齿尖;叶柄长 1.5~3cm。

花: 复伞房花序具花6~25朵总花梗和花梗具稀疏柔毛萼筒钟状,无毛;萼片三角形,先端急尖,内被密被白色绒毛;花瓣卵形或近圆形,先端圆钝,白色;雄蕊短于花瓣;花柱 2,基部或中部以下合生,光滑无毛,短于雄蕊。

果实: 果实椭圆形或卵形,直径 7~10mm,长 10~13mm,红色或黄色,不具斑点,2 室,萼片脱落,于果实先端残留圆斑。

花果期: 花期 5 月;果期 8~9 月。

分布: 产黑龙江、吉林、辽宁、河北、山西、河南、山东、安徽、浙江、福建、江西、湖北、湖南、贵州、四川、陕西、甘肃、宁夏,生于海拔 500~2300m 山坡、山沟或山顶林内或灌丛中。

叶正面

叶背面

快速识别要点
单叶,卵形或椭圆状卵形,叶缘有不规则重锯齿或浅裂。果实椭圆形或卵形,红色或黄色;萼片脱落。

花序

果枝

果实

相近树种识别要点检索

1. 单叶,叶缘有不规则重锯齿或浅裂。梨果长圆柱形。
  2. 叶背无毛,叶脉6~10 对,具尖锐重锯齿。果实椭圆形或卵形·····**水榆花楸 *S. alnifolia***
  2. 叶背叶脉及叶柄密被白色绒毛,侧脉 8~15 对。果实椭圆形,近平滑·····**石灰花楸 *S. folgneri***
1. 奇数羽状复叶。梨果球形。
  3. 冬芽、叶背及花序梗及花梗被白色绒毛;果实红色·····**花楸树 *S. pohuashanensis***(见第 198 页)
  3. 冬芽无毛或仅先端微具柔毛;果实白色或黄色;花序和叶片无毛,花序较稀疏·····**北京花楸 *S. discolor***(见第 198 页)

石灰花楸 *Sorbus folgneri* (Schneid.) Rehd. 蔷薇科 Rosaceae

果枝

叶片正背面

幼果

瓜木 *Alangium platanifolium* (Sieb. et Zucc.) Harms 八角枫科 Alangiaceae

植株

树形和习性：小乔木或灌木，高达7m。
树皮：树皮灰色或深灰色，平滑。
枝条：一年生枝淡黄褐色或灰色，常呈"之"型弯曲。芽为柄下芽。
叶：叶互生，叶片近圆形，质地薄，长11~18cm，常3~5(7)裂，幼叶分裂明显，叶基不整齐，心形或圆形，基出脉3~5；叶柄长3.5~5(7)cm。
花：聚伞花序有花3~7，总梗长1.2~2cm；萼齿5~6，三角形；花瓣6~7，白色，合生成管状，后分离反曲，雄蕊6~7，花药黄色，长于花丝，柱头扁平。
果实：核果长卵圆形或长椭圆形，长0.8~1.2cm，蓝黑色，具数条纵肋；花萼宿存。
花果期：花期4~7月；果期7~9月。
分布：产于辽宁、吉林、河北、山西、河南、山东、陕西、甘肃、浙江、台湾、江西、湖北、四川、贵州等地；朝鲜、日本也有分布。

柄下芽

叶片正背面

幼叶

花

果枝

快速识别要点

叶互生，近圆形，常3~5(7)裂，叶基不整齐。聚伞花序花少，花瓣白色，分离，靠合成管状，花后反曲，花药长于花丝。核果椭圆形，蓝黑色，具数条纵肋。

相近树种识别要点检索

1. 叶近圆形，常3~5(7)裂；每花序具花3~7朵 ························· 瓜木 *A. platanifolium*
1. 叶卵形或近圆形，不裂或2~3裂；每花序具花7~30(50)朵 ········· 八角枫 *A. chinense*

八角枫 *Alangium chinense* (Lour.) Harms 八角枫科 Alangiaceae

枝叶

柄下芽

叶

花序

枝条

果序

枝叶

叶有锯齿↓裂片　单叶↓叶对生

157

珙桐

叶有锯齿、裂片
单叶→叶对生

珙桐 *Davidia involucrata* Baill. 珙桐科 Davidiaceae

花枝

树形和习性: 落叶乔木, 高达 20m, 胸径达 1m。树皮深灰色, 薄片状脱落。
枝条: 髓心实心。
叶: 叶在长枝上互生, 在短枝上簇生; 宽卵形或心形, 长 7~15cm, 先端突尖或渐尖, 基部心形, 边缘具粗锯齿, 侧脉伸出齿间呈芒状, 背面密被黄色或淡白色粗丝毛。
花: 花杂性同株; 头状花序顶生, 具长的总梗, 花序基部有 2 大型白色、纸质总苞片; 苞片椭圆状卵形, 中部以上有锯齿, 初时淡绿色, 后呈乳白色, 花后脱落。雄花无花被, 生头状花序周围, 雄蕊 1~7; 雌花或两性花具小的花被片, 仅 1 朵生于头状花序顶端, 子房与花托合生, 花柱 6~10 裂。
果实: 核果椭圆形, 长 3~4cm, 紫绿色, 密被锈色斑点, 种子 3~5 粒, 果核具丛条棱。
花果期: 花期 4~5 月; 果期 10 月。
分布: 产湖北、湖南、甘肃、陕西、四川、贵州、云南等。

枝叶

叶在短枝上簇生

叶片正背面

花序及白色苞片

果实

果核

快速识别要点

　　落叶乔木。叶宽卵形, 叶基心形, 具粗芒状锯齿, 叶脉下陷, 叶背密被黄色或淡白色粗丝毛。头状花序顶生, 花序基部有 2 白色总苞片; 核果椭圆形, 紫绿色, 密被锈色斑点。

单叶→叶对生　叶有锯齿、裂片

青荚叶 *Helwingia japonica* (Thunb.) Dietr. 山茱萸科 Cornaceae

灌丛

树形和习性: 落叶灌木, 高达 3m。
枝条: 幼枝绿色或紫红色, 无毛, 叶痕显著。
叶: 叶纸质, 卵形至卵状椭圆形, 稀卵状披针形, 长 3~12cm, 宽 2~8cm, 顶端长渐尖, 基部宽楔形或近于圆形, 叶缘具稀疏刺状锯齿。
花: 花小, 淡绿色, 单性, 雌雄异株; 花序生于叶面; 雄花 4~12 朵成伞形花序; 雌花 1~3 簇生, 花梗极短; 花萼小; 花瓣卵形; 子房卵圆形, 花柱 3~5 裂。
果实: 核果生于叶面上, 近球形, 黑色, 具 3~5 棱, 果梗长 1~2mm。
花果期: 花期 4~5 月, 果实成熟期 8~9 月。
分布: 产河南、陕西、甘肃南部、湖北、湖南、安徽、浙江、四川、云南、广东、广西、台湾等, 常生于海拔 1000~2000m 林下。

枝条

小枝

枝叶

快速识别要点

　　灌木。幼枝绿色或紫红色; 叶缘具稀疏刺状锯齿; 花小, 生于叶面中脉上, 淡绿色; 核果, 近球形, 黑色, 生于叶面中脉上。

花序生于叶上

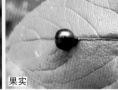
果实

159

南蛇藤 *Celastrus orbiculatus* Thunb. 卫矛科 Celastraceae

植株

树形和习性：落叶藤本，高达 3m 以上。
枝条：小枝圆柱形，皮孔粗大。冬芽小，扁卵形，棕褐色。
叶：叶宽椭圆形至卵圆形，长 5~10cm；先端突尖至钝尖，基部楔形至圆形，边缘具细钝锯齿；叶柄长达 2cm。
花：花小，绿白色，杂性异株，排成腋生聚伞花序；花 5 基数，内生花盘杯状，雄蕊着生于花盘的边缘；雌花柱头 3 裂。
果实：蒴果球形，径约 1cm，果皮黄色，3 裂，假种皮鲜红色。
花果期：花期 5 月；果期 9~10 月。
分布：产于黑龙江、吉林、辽宁、内蒙古、河北、山东、山西、河南、陕西、甘肃、宁夏、江苏、安徽、浙江等地。分布达朝鲜和日本。

树皮

枝条及叶片

叶片正背面

花

假种皮

快速识别要点
　　落叶藤本，小枝皮孔明显；冬芽芽鳞突出。叶互生，宽椭圆形至卵圆形。花小，绿白色，杂性异株，排成腋生聚伞花序。蒴果球形，黄色，3 裂，假种皮鲜红色。

大芽南蛇藤 *Celastrus gemmatus* Loes. 卫矛科 Celastraceae

果枝

树形和习性：落叶藤本，高达 3m 以上。
枝条：小枝圆柱形，皮孔粗大。冬芽大，长卵形，约 1cm，棕褐色。
叶：叶长椭圆形，长 5~10cm；先端突尖至钝尖，基部楔形至圆形，边缘具钝锯齿；叶柄长达 2cm。
花：花小，绿白色，杂性异株，排成腋生聚伞花序；花 5 基数，内生花盘杯状，雄蕊着生于花盘的边缘；雌花柱头 3 裂。
果实：蒴果球形，径约 1cm，果皮黄色，3 裂，假种皮鲜红色。
花果期：花期 5 月；果期 9~10 月。
分布：河南、陕西、甘肃、安徽、浙江、江西、湖北、湖南、贵州、四川、台湾、福建、广东、广西、云南，是我国分布最广泛的南蛇藤之一。该种与南蛇藤的主要区别在于冬芽大，长卵形，长达 1cm。

快速识别要点
　　落叶藤本，小枝皮孔明显；冬芽长约 1cm。叶互生，宽椭圆形至卵圆形。花小，绿白色，杂性异株，排成腋生聚伞花序。蒴果球形，黄色，3 裂，假种皮鲜红色。

花

果实

油桐 *Vernicia fordii* (Hemsl.) Airy-Shaw 大戟科 Euphorbiaceae

树形

树形和习性: 落叶小乔木,高达12m;树冠扁平伞形。
树皮: 树皮灰白色或灰褐色,近光滑。
枝条: 枝条粗壮,无毛,有明显皮孔。
叶: 叶卵圆形或卵状心形,长5~15cm,宽3~12cm,先端急尖,基部心形或楔形,全缘或1~3浅裂,上面绿色,下面淡绿色,掌状脉5~7;叶柄顶端有2无柄的腺体,红紫色。
花: 花单性,雌雄同株,先叶或与叶同时开放,排列于枝端成短圆锥花序;花瓣白色,有淡红色脉纹。
果实: 核果球状,果皮平滑。
花果期: 花期5~6月;果期10月。
分布: 产秦岭、淮河流域以南,南至广东、广西,西南至云南、贵州、四川。

叶

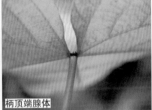
柄顶端腺体

花

果实

快速识别要点

小枝粗壮,无毛。叶大,卵圆形或卵状心形,全缘或1~3浅裂,掌状脉5~7;叶柄顶端有2无柄的腺体,红紫色。花单性,白色,有淡红色脉纹。核果球状,果皮平滑。

相近树种识别要点检索

1. 叶柄顶端腺体无柄;叶全缘,3浅裂或不裂;果皮平滑;花雌雄同株 ························ 油桐 *V. fordii*
1. 叶柄顶端腺体具柄;叶常3~5裂;果皮有皱纹;花多雌雄异株 ························ 千年桐 *V. montana*

千年桐 *Vernicia montana* Lour. 大戟科 Euphorbiaceae

叶

叶柄顶端具腺体

果实

花

单叶↓叶对生
叶有锯齿 · 裂片

北枳椇（拐枣） *Hovenia dulcis* Thunb. 鼠李科 Rhamnaceae

树形

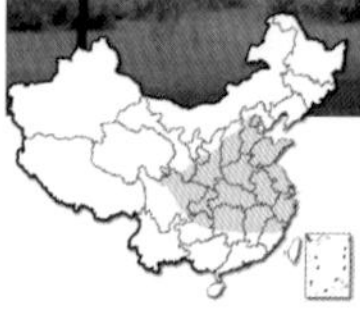

树形和习性：落叶乔木，高达 15m；树冠阔卵形。
树皮：树皮灰黑色，纵裂。
枝条：一年生小枝褐色，无毛，具不明显皮孔。
叶：叶宽卵形或卵形，稀卵状椭圆形，基生 3 出脉，长 7~17cm，宽 4~11cm，顶端短渐尖，基部近圆形，边缘有不整齐齿或粗齿，背面无毛或沿脉有毛；叶柄长 3~4.5cm。
花：聚伞圆锥花序顶生，花序轴无毛，在结果时膨大，扭曲，肉质；花小，黄绿色，5 基数，具花盘，花瓣倒卵状匙形，花柱 3 浅裂。
果实：浆果状核果近球形，径 6.5~7.5mm；种子褐色，有光泽。
花果期：花期 5~7 月；果期 8~10 月。
分布：产河北、山西、山东、河南、陕西、甘肃、安徽、江苏、江西、湖北、四川北部；日本、朝鲜亦产。

树皮

叶片正背面、果序及种子

花

花序

果序

快速识别要点

叶宽卵形或卵形，基生 3 出脉，叶缘基部锯齿先端有黑点状腺体。顶生聚伞圆锥花序，花白色，花序结果时膨大，肉质，扭曲。浆果状核果近球形。

酸枣 *Ziziphus jujuba* Mill. var. *spinosa* (Bunge) Hu et H. F. Chow 鼠李科 Rhamnaceae

植株

托叶刺

花

果实

果核

枣 *Ziziphus jujuba* Mill. 鼠李科 Rhamnaceae

树形

树形和习性: 落叶乔木, 高达 10m; 树冠阔卵形。

树皮: 灰黑色, 纵裂。

枝条: 具长枝、距状短枝和叶腋内无芽、秋季脱落的小枝。长枝条呈"之"字形曲折, 褐红色或紫红色; 无芽小枝 3~7 簇生于距状短枝上。

叶: 叶互生, 椭圆状卵形、卵状披针形或卵形, 基部三出脉, 长 3~8cm, 顶端钝尖, 基部宽楔形或近圆形; 托叶刺状, 一长一短, 长者直伸, 短者钩曲。

花: 花两性, 排成腋生聚伞花序; 花小、黄色, 5 基数, 花萼大于花瓣, 花瓣勺形, 常下弯, 与雄蕊对生, 子房上位, 埋于花盘内。

果实: 核果椭圆形、长卵形或长椭圆形, 长 2~4cm, 径 1.5~2cm, 熟时枣红色, 果核两端尖。

花果期: 花期 5~7 月; 果期 8~9 月。

分布: 北自吉林, 南至广东, 东起沿海地区, 西到新疆均产。以河北、山西、河南、山东、陕西、浙江、安徽等地为主要产区, 广为栽培。原产中国, 现亚洲、欧洲和美洲均有栽培, 品种很多。

北方低海拔干旱阳坡多见其变种酸枣 *Ziziphus jujuba* var. *spinosa* (Bunge) Hu et H. F. Chow, 识别要点为: 灌木; 核果较小, 近球形, 径 0.7~1.5cm, 果核两端圆钝, 果味酸。

树皮

枝条"之"字形弯曲

快速识别要点

小枝褐红色,"之"字形曲折; 叶椭圆状卵形至卵形, 三出脉; 托叶刺状, 长刺直伸, 短刺弯曲。腋生聚伞花序, 花形小, 黄色, 花瓣勺形。核果椭圆形, 熟时枣红色, 果核两端尖。

枝叶 花枝 花

花, 示花盘 果实 果核

163

葡萄 *Vitis vinifera* L. 葡萄科 Vitaceae

果枝

树形和习性：木质藤本。
树皮：树皮灰黑色，剥裂。
枝条：老枝皮纵剥裂，髓心褐色；小枝无毛或被稀疏柔毛，常具与叶对生的卷须。
叶：叶互生，圆卵形或近圆形，长宽均 7~15cm，3 裂至中部附近，基部心形，叶缘有不规则粗锯齿或缺刻，两面无毛或背面被短柔毛，基出脉 5；叶柄长 4~8cm。
花：花杂性异株，圆锥花序，常与叶对生，花序长 8~13cm，花序轴被白色丝状毛；花部 5 基数，花瓣在顶部黏合成帽状，凋谢时成帽状脱落，具花盘。
果实：浆果球形或椭圆状球形，径 1.5~2cm，熟时黄白色、红色或紫色，被白粉。
花果期：花期 5~6 月；果期 8~9 月。
分布：原产亚洲西部。中国普遍栽培，已有 2000 多年历史，以长江流域以北栽培最多。中国著名的葡萄产区有新疆吐鲁番、张家口宣化、山东烟台和青岛等。

卷须

髓心

叶

快速识别要点

　　木质藤本，常具与叶对生的卷须。枝皮纵剥裂，髓心褐色。叶掌状 3 裂，基部心形。圆锥花序，花部 5 基数，花瓣在顶部黏合成帽状。浆果球形，被白粉。

花

花序

单叶→叶对生　叶有锯齿、裂片

华北葡萄 *Vitis bryoniifolia* Bunge

植株

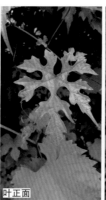
叶正面

叶片

相近树种识别要点检索

1. 小枝有皮刺，老茎上的皮刺变成瘤状突起；叶脉上常有小皮刺······························刺葡萄 *V. davidii*
1. 小枝无皮刺。
  2. 叶片下面无毛或被稀疏短柔毛。
    3. 叶常 3~5 裂，基深心形，网脉显著。
      4. 叶片掌状深裂···华北葡萄 *V. bryoniifolia*
      4. 叶片 3~5 浅裂，基深心形，网脉显著。
        5. 叶基深心形，叶基缺刻常重叠；幼枝及花序轴多光滑无毛；栽培···············葡萄 *V. vinifera*
        5. 叶基心形，叶基缺刻不重叠；幼枝及花序轴多被毛；野生···············山葡萄 *V. amurensis*
    3. 叶不裂，每侧具稍不整齐 5~12 个锯齿，叶基微心形至近截形，无白粉，网脉不明显突出，主脉内侧常无侧脉，叶卵形至卵披针形。植株幼时疏被蛛丝状毛，后无毛··············葛藟葡萄 *V. flexuosa*
  2. 叶片下面密被白色绒毛···桑叶葡萄 *V. ficifolia*

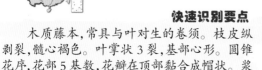

山葡萄 *Vitis amurensis* Rupr. 葡萄科 Vitaceae

植株

树形和习性： 木质藤本，常具与叶对生的卷须。
树皮： 树皮灰黑色，剥裂。
枝条： 幼枝初具蛛丝状绒毛，髓心褐色。
叶： 叶宽卵形，长 4~17cm，宽 3.5~18cm，先端尖锐，基部宽心形，3~5 裂或不裂，叶缘具粗锯齿，表面无毛，背面叶脉被短毛；叶柄长 4~12cm，有蛛丝状绒毛。
花： 圆锥花序长 8~13cm，常与叶对生，花序轴被白色丝状绒毛；花部 5 基数，花瓣在顶部黏合成帽状，凋谢时整块脱落，具花盘。
果实： 浆果球形，径约 1cm，较葡萄为小，成熟时黑色，有白粉。
花果期： 花期 5~6 月；果期 8~9 月。

树皮

分布： 产黑龙江、吉林、辽宁、河北、山西、山东等地。俄罗斯东的西伯利亚、朝鲜亦有分布。
　　山葡萄是一个叶片形态变异很大的种，从几乎不裂，到浅裂，再到深裂的形态都有。该种与葡萄的主要区别在于山葡萄为野生；叶缘锯齿较浅；幼枝被蛛丝状绒毛；果实较小，成熟时黑色。

髓心

叶形

花

果实

快速识别要点
　　木质藤本，常具与叶对生的卷须。幼枝初具蛛丝状绒毛，髓心褐色。圆锥花序，花序轴被白色丝状毛。浆果球形，成熟时黑色，有白粉。

葛藟葡萄 *Vitis flexuosa* Thunb. 葡萄科 Vitaceae

植株

枝叶

枝叶

叶有锯齿·裂片　单叶→叶对生

刺葡萄 *Vitis davidii* (Rom. Caill.) Foëx
葡萄科 Vitaceae

叶

枝

果

桑叶葡萄 *Vitis heyneana* Roem. et Schult. subsp. *ficifolia* (Bunge) C.L. Li
葡萄科 Vitaceae

叶片正背面

花序

165

葎叶蛇葡萄 *Ampelopsis humulifolia* Bunge　葡萄科 Vitaceae

枝叶

树形和习性：木质藤本。

枝条：灰褐色，光滑，髓心白色；有卷须，卷须顶端不扩大成吸盘。

叶：叶互生，卵圆形，长宽约7~12cm，基部心形或近平截，3~5中裂或近深裂，叶缘具粗锯齿，表面无毛，背面苍白，无毛或脉上微有毛；叶柄约与叶片等长。

花：聚伞花序，与叶对生或顶生；花小，5基数，花瓣分离，子房2室，具花盘。

果实：浆果球形，径6~8mm，成熟时淡黄色或淡蓝色。

花果期：花期5~6月；果期8~9月。

分布：分布吉林、辽宁、河北、山西、山东、河南、陕西、甘肃、安徽等；生于山坡、林下。

　　北方亦常见蛇葡萄属的乌头叶蛇葡萄 *Ampelopsis aconitifolia* Bunge，主要识别要点为叶片为掌状复叶，具5小叶，小叶3~5羽裂，披针形，中央小叶多位深裂（见第211页）。

叶片正背面

花序

果实

快速识别要点
　　木质藤本，具卷须。枝髓心白色。有卷须，顶端无吸盘。单叶，卵圆形，3~5浅裂，叶背粉绿色。聚伞花序与叶对生。浆果球形，成熟时淡黄色或淡蓝色。

爬山虎 *Parthenocissus tricuspidata* (Sieb. et Zucc.) Planch.　葡萄科　Vitaceae

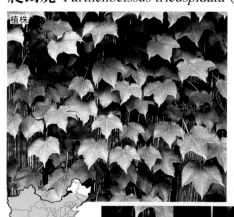
植株

树形和习性：落叶大藤本。

枝条：小枝灰褐色，几无毛，髓心白色。卷须5~9分枝，顶端常扩大成吸盘。

叶：单叶，宽卵形，长8~20cm，常3裂，基部心形，叶缘有粗齿，背面脉常有柔毛；下部枝的叶有时全裂或为三出复叶。

花：花两性，稀杂性，聚伞花序顶生或假顶生；花部常5数，花瓣离生、开展，逐片脱落，花盘不明显或缺。

果实：果球形，径6~8mm，熟时蓝黑色，有白粉。

花果期：花期6月；果期9~10月。

分布：北自吉林，南达广东、台湾等地均有分布，生于海拔150~1200m山坡崖石壁或灌丛中。朝鲜、日本亦有。北方常作垂直绿化用。

　　北方亦常见其近缘种五叶地锦 *Parthenocissus quinquefolia*（L.）Planch.，常用于垂直绿化。主要识别要点为叶掌状5小叶，小叶倒卵圆形至倒卵状椭圆形，最宽在中上部。

吸盘

叶片正背面

三出复叶

花序

果实

快速识别要点
　　落叶藤本，有与叶对生的卷须，卷须顶端扩大成吸盘。叶宽卵形，掌状3裂或幼时可为三出复叶。浆果球形，成熟时蓝黑色，有白粉。

叶有锯齿、裂片
单叶→叶对生

刺楸 *Kalopanax septemlobus* (Thunb.) Koidz. 五加科 Araliaceae

花序

树形和习性：落叶乔木，高可达 30m，胸径 1m；树冠近圆形或阔卵形。

树皮：树皮暗灰棕色，具粗大皮刺。

枝条：小枝粗壮，淡黄棕色或灰棕色，散生皮刺。

叶：单叶互生，近圆形，长宽约 7~25cm，掌状 5~7 裂，裂片三角状卵形，具尖细锯齿，顶端渐尖或突渐尖；叶柄长 5~30cm。

花：复伞形花序，集生枝顶形成硕大的圆锥花序状；花两性，萼 5 齿裂，花瓣 5，镊合状排列，雄蕊 5，子房 2 室，下位。

果实：浆果近球形，径约 4~5mm，熟时呈紫色。

花果期：花期 5~7 月；果期 10 月。

分布：分布甚广，北自吉林和辽宁东南部，南至广东、广西北部，西南到云南西北部。木材为优良的家具木器用材。树形颇有特色，是优良的绿化树种。

树皮

枝条

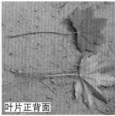
叶片正背面

枝叶

快速识别要点

树干及枝条具宽扁皮刺。单叶互生，掌状 5~7 分裂，裂片三角状长卵形，中部最宽，有锯齿。

棕榈 *Trachycarpus fortunei* (Hook.) H. Wendl. 棕榈科 Arecaceae

树形

树形和习性：常绿乔木，高 15m，茎干多单生而不分枝；树冠阔伞形或近圆形。

树皮：环状叶痕明显，棕皮（棕丝）为网状纤维状（叶鞘纤维）。

叶：集生干顶，圆扇形，宽 70cm，掌状深裂达中下部，裂片 30~60；叶柄长 50~100cm，两侧具细锯齿。

花：单性，雌雄异株，花序生于叶丛中，佛焰苞多数；花黄色，3 基数，味苦。

果实：核果球形，径约 8mm，熟时黑褐色，微被白粉，粗糙。

花果期：花期 3~6 月；果期 10~11 月。

分布：产长江流域以南，以四川、云南、贵州、湖南和湖北盛产。为棕榈科中最耐寒的种类，栽培已达陕西秦岭南坡海拔 1000m 以下。北方盆栽，室内越冬。

叶基纤维

雄花序

雌花序

果序

快速识别要点

树干具环状叶痕及网状纤维叶鞘。单叶大型，集生干顶，圆扇形，掌状深裂，叶柄具细齿。圆锥状肉穗花序，花小，黄色。核果球形。

果实

单叶→叶对生

叶有锯齿、裂片

楸树 *Catalpa bungei* C. A. Mey. 紫葳科 Bignoniaceae

树形

树形和习性：落叶乔木，高可达 30m，胸径 1m 以上；树冠多呈倒卵形。
树皮：树皮灰褐色，浅纵裂。
枝条：小枝粗壮，无毛，有光泽。
叶：单叶对生或 3 叶轮生，长三角状卵形，长 6~15cm，基部截形或浅心形，顶端尾尖，全缘或幼叶中下部常 3~5 浅裂，两面无毛，背面脉腋具紫色腺斑。
花：总状花序呈伞房状，顶生；萼 2 裂，花冠二唇形，上唇 2 裂，下唇 3 裂，粉红色至白色，内有黄色条纹和紫斑点，发育雄蕊 2，内藏，退化雄蕊 2~3。
果实：蒴果细长，长 25~50cm，径 4~5mm。
花果期：花期 4~5 月；果期 9~10 月。
分布：产黄河和长江流域；北京以南至江苏、浙江，在海拔 500m~1400m 地区常见栽培。珍贵用材树种，亦为优良绿化树种。

树皮

叶片正背面

花解剖

花

叶对生或轮生

快速识别要点

落叶乔木。叶长三角状卵形，常 3 枚轮生，掌状三出脉，脉腋内有紫色腺斑。总状花序顶生，花冠二唇形，粉红色至白色，内有紫斑。蒴果细长，豇豆状，种子两端具毛。

花序

相近树种识别要点检索

1. 花冠淡黄色；小枝、叶柄花序轴被黏质毛；叶宽卵形，全缘或中上部 3~5 浅裂，掌状五出脉····················
···**梓树 *C. ovata***
1. 花冠白色或浅粉色；小枝无毛；叶长三角状卵形或长卵形，全缘或中下部 3~5 浅裂，掌状三出脉。
　2. 总状花序，呈伞房状；叶长三角状卵形，两面无毛，背面脉腋具紫斑；花冠粉红色至白色，内有紫斑；蒴果径约 3~4mm ···**楸树 *C. bungei***
　2. 圆锥花序；叶长卵形，背面被柔毛，基部脉腋有绿色腺斑；花冠白色，内有黄色条纹及紫色斑点；蒴果径约 12~18mm···**黄金树 *C. speciosa***

168

梓树 *Catalpa ovata* G. Don 紫葳科 Bignoniaceae

树形

叶片正背面

叶形

果实与种子

蒴果开裂

花序

果序

黄金树 *Catalpa speciosa* Warder ex Engelm. 紫葳科 Bignoniaceae

树形

树皮

叶片正背面

花

花序

蒴果

沙拐枣 *Calligonum mongolicum* Turcz. 蓼科 Polygonaceae

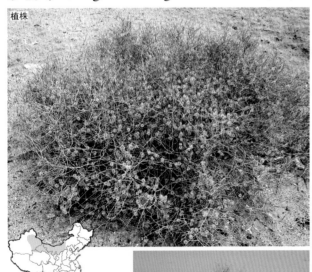
植株

树形和习性: 多分枝灌木,高1~1.5m。
枝条: 老枝灰白色,枝常弯曲、很少直伸,有关节。幼枝灰绿色(具有同化功能),有关节。
叶: 叶互生,退化为鳞片状条形;托叶鞘短。
花: 花两性,花粉红色,2~3朵簇生叶腋,花梗细,下部有关节,花萼5,宿存,果期不增大。
果实: 瘦果宽椭圆形,直或稍扭曲,长8~12mm,两端尖,棱肋和沟不明显,刺毛细而易折落,每棱肋2~3排成毛发状刺毛,2~3次分叉,分枝纤细。
花果期: 花果期5~8月。
分布: 产内蒙古、甘肃、新疆东部等地。蒙古国也有分布。广泛生于荒漠地带和荒漠草原地带的流动、半流动沙丘,覆沙戈壁、沙质或砂砾质坡地和干河床上。

枝条

生境

果实

花枝

快速识别要点

多分枝灌木,老枝灰白色,常弯曲;幼枝绿色,有关节,具短叶鞘。叶退化为鳞片状条形;瘦果宽椭圆形,两端尖,每棱肋2~3排成毛发状、分枝纤细的刺毛。

相近树种识别要点检索

1. 果具刺或翅。
  2. 果肋具刺,果刺2~3行;老枝灰白色 ················ 沙拐枣 *C. mongolicum*
  2. 果沿肋具翅,果翅较硬;老枝暗红色至紫褐色 ·········· 红果沙拐枣 *C. rubicundum*
1. 果泡果状,外被薄膜;老枝呈"之"字形弯曲,叶鳞片条形至披针形 ·········· 泡果沙拐枣 *C. calliphysa*

泡果沙拐枣 *Calligonum calliphysa* Bunge
蓼科 Polygonaceae

果实

红果沙拐枣 *Calligonum rubicundum* Bunge
蓼科 Polygonaceae

果实

梭梭 *Haloxylon ammodendron* (C. A. Mey.) Bunge 藜科 Chenopodiaceae

植株

枝条

花枝

果枝

胞果

白梭梭 *Haloxylon persicum* Bunge ex Boiss. et Buhse 藜科 Chenopodiaceae

树形

树杆

枝叶

花序

盐穗木 *Halostachys caspica* Mey. ex Schrenk 藜科 Chenopodiaceae

植株

株形和习性：灌木，高 50~200cm。茎直立，多分枝；

枝条：老枝枝无叶，枝对生，开展，小枝肉质，蓝绿色，有关节，密生小突起。

叶：叶退化为鳞片状，对生，顶端尖，基部联合。

花序和花：花序穗状，肉质，有柄，交互对生，圆柱形，长 1.5~3cm，直径 2~3cm，花序柄有关节；花两性，腋生，每 3 朵花生于 1 苞片内；苞片鳞片状，对生，无小苞片；花被合生，花被片倒卵形，顶部 3 浅裂，裂片内折；子房卵形，两侧扁柱头 2，钻状，有小突起。

果实：胞果卵形，果皮膜质。

种子：种子直立，卵形或矩圆状卵形，两侧扁，直径 6~7mm，红褐色，近平滑。

花果期：花果期 7~9 月。

分布：新疆、甘肃北部。生于盐碱滩、河谷、盐湖边。

快速识别要点

　　灌木。枝对生，小枝肉质，绿色，有关节，密生小突起。叶退化为鳞片状，对生。花序穗状，肉质，有柄，交互对生；花两性，苞片鳞片状，雄蕊1，柱头2。胞果果皮膜质。

枝条

果序

宽苞水柏枝 *Myricaria bracteata* Royle 柽柳科 Tamaricaceae

植株

树形和习性: 落叶灌木,高1~3m,分枝多。
枝条: 老枝灰褐色,当年生枝灰白色或黄灰色,无毛。
叶: 小枝上的叶退化,卵形或椭圆形,长5~7mm,宽3~4mm,无柄,无托叶。
花: 总状花序侧生,密集穗状;花两性,苞片宽卵形或椭圆形,长7~8mm,宽4~5mm,萼5深裂,花瓣5,倒卵形,长5~6mm,雄蕊10,花丝下部连合,雌蕊由3心皮组成,1室,胚珠多数。
果实: 蒴果长8~10mm;种子多数,顶端具长芒,从芒中部以上生白色长柔毛,呈有柄束毛。
花果期: 花期6~7月;果期8~9月。
分布: 新疆、西藏、青海、甘肃、宁夏、陕西、内蒙古、山西、河北等地。生于河谷沿岸。蒙古、俄罗斯、中亚各国、印度有分布。
　　匍匐水柏枝 *Myricaria prostrata* 与宽苞水柏枝的区别为:茎匍匐;叶长圆形至卵形;总状花序圆球形,侧生于去年生枝,由2~4花组成。产甘肃、青海、新疆(昆仑山)、西藏,生高山河谷沙地。

果序

花

果序

快速识别要点
　　灌木。叶退化为鳞形,卵形或椭圆形。总状花序密集穗状,侧生;花两性,苞片具宽膜质边缘,花瓣粉红色。蒴果具长尖,3瓣裂;种子顶端具长柔毛。

叶退化,常为鳞片状
单叶

匍匐水柏枝 *Myricaria prostrata* Hook. f. et Thoms. 柽柳科 Tamaricaceae

植株

枝叶

172

红砂 *Reaumuria soongarica* (Pall.) Maxim. 柽柳科 Tamaricaceae

株丛

树形和习性: 低矮小灌木,仰卧,多分枝,高15~25cm。
枝条: 老枝灰棕色或灰褐色,树皮不规则剥裂,小枝多扭曲,灰白色,皮纵裂。
叶: 叶互生,几无柄,常3~6簇生,肉质,短圆柱形,长1~5mm,宽0.5mm,顶端稍粗,圆钝,密生泌盐腺体。
花: 花小,两性,单生于叶腋,遍布全枝,成稀疏穗状花序,近无梗;花瓣粉红色,张开;萼片5,宿存;花瓣5,内侧下半部具2附属物,雄蕊6~12,花柱3。
果实: 蒴果纺锤形,3瓣裂;种子多数,细小,无芒,全部被淡褐色长柔毛。
花果期: 花期6~8月;果期7~9月。
分布: 产宁夏、陕西、新疆、青海、甘肃、内蒙古等地;蒙古、俄罗斯亦有分布。

花

花枝

果

快速识别要点
　　低矮小灌木,多分枝。叶细小,圆柱形,肉质,具腺体。花单生,两性,5数。蒴果3瓣裂;种子细小,全部被毛。

种子具毛

柽柳 *Tamarix chinensis* Lour. 柽柳科 Tamaricaceae

树形

树形和习性: 灌木或小乔木,高达8m,枝细弱,常开展下垂。
枝条: 枝2型,木质化生长枝红褐色,经冬不落,绿色营养枝冬季脱落。
叶: 幼枝叶深绿色,叶鳞形,长1~3mm,半贴生,背面有龙骨状突起。
花: 每年开花3次;总状花序生于当年生枝上,组成顶生圆锥花序;花小,两性,5基数,花瓣粉红色,长2mm,果时宿存,花盘5裂,雄蕊着生于花盘裂片之间,子房上位,圆锥形,1室,胚珠多数。
果实: 蒴果3裂,长3.5mm。种子细小,多数,顶端具短芒,从芒基部生长柔毛,呈无柄束毛。
花果期: 花期4~9月。
分布: 中国特有树种,产辽宁、河北、山西、山东、河南、安徽、江苏等地,东部及西南各省份多栽培。

叶退化,常为鳞片状　单叶

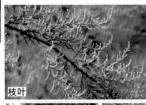
枝叶

小枝示鳞形叶

快速识别要点
　　灌木或小乔木,枝条红褐色。叶鳞片状,互生,无柄。圆锥花序顶生;花小,两性,5基数,花瓣粉红色。蒴果3裂,种子细小,顶端生长柔毛。

树干

花序

果序

无叶假木贼 *Anabasis aphylla* L. 藜科 Chenopodiaceae

植株

株形和习性：多半灌木，高 20~50cm。

枝条：木质茎多分枝；小枝灰白色，通常具环状裂隙；当年枝绿色，具关节，节间多数，圆柱状，无毛。

叶：叶对生，肉质，叶不明显或略呈鳞片状，宽三角形。

花：花两性，花 1~3 朵生于叶腋，多于枝端集成穗状花序；小苞片 2，边缘膜质；花被片 5，膜质，外轮 3 片近圆形，果时背面下方生横翅；翅膜质，扇形、圆形、或肾形，淡黄色或粉红色，直立；内轮 2 个花被片椭圆形，无翅或具较小的翅；雄蕊 5，着生于花盘上。

果实：胞果直立，近球形，背腹稍扁，果皮肉质，暗红色，平滑。

花果期：花期 8~9 月，果期 10 月。

分布：甘肃西部、新疆。生于山前砾石洪积扇、戈壁、沙丘间。

果枝

果枝

果实

快速识别要点

半灌木，当年枝绿色，具关节，节间多数，圆柱状，无毛。叶对生，肉质，不明显。花两性，1~3 朵生于叶腋，枝端集成穗状花序；花被片 5，膜质；胞果直立，近球形，背腹稍扁，宿存花被片背面下方生横翅；翅膜质，扇形、直立。

生境

单叶 叶退化，常为鳞片状

174

金露梅 *Potentilla fruticosa* L. 蔷薇科 Rosaceae

植株

树形和习性：落叶灌木，高达 2m。
枝条：多分枝，小枝红褐色，幼时被长柔毛。
叶：羽状复叶，有 2 对，或 5（3）小叶，上部 1 对小叶基部下延，与叶轴汇合小叶矩圆形或卵状披针形长 0.7~2cm，宽 0.4~1cm，全缘，两面绿色，疏被绢毛或柔毛或脱落近于无毛。托叶薄膜质，外面被长柔毛或脱落。
花：花两性，单生或数朵生于枝顶，花梗密被长柔毛或绢毛；花径 2.2~3cm，萼片卵形，具副萼，披针形或倒卵状披针形与萼片近等长，花瓣黄色，宽倒卵形，花柱近基部，雄蕊多数，心皮多数。
果实：聚合瘦果，近卵形，长 0.15cm，褐棕色，外被长柔毛。
花果期：花期 6~7 月；果期 8~9 月。
分布：产黑龙江、吉林、辽宁、内蒙古、河北、山西、河南、陕西、甘肃、新疆、四川、云南、西藏；是北方亚高山灌丛的主要组成树种。

快速识别要点

低矮小灌木。羽状复叶，小叶 2 对或 3~5 小叶，常成羽状排列，上部 1 对小叶基部下延，与叶轴汇合。花单生或数朵生于枝顶，黄色，具副萼，心皮多数。聚合瘦果。

复叶　花

花枝　花萼

相近树种识别要点检索

1. 小叶长圆形、倒卵状长圆形至卵状披针形；花黄色；小枝红褐色 ························· 金露梅 *P. fruticosa*
1. 小叶椭圆形至倒卵状椭圆形；花白色；小枝灰褐色或紫褐色 ························· 银露梅 *P. glabra*

银露梅 *Potentilla glabra* Lodd. 蔷薇科 Rosaceae

植株

枝叶

花

175

合欢 *Albizia julibrissin* Durazz. 含羞草科 Mimosaceae

植株

树形和习性: 乔木,高达 16m;树冠开展,近伞形。
树皮: 树皮灰褐色。
枝条: 小枝具棱,被毛,皮孔黄灰色,明显;无顶芽。
叶: 二回偶数羽状复叶,总柄下部具腺体;羽片
4~12 对,小叶 10~30 对,镰状矩圆形羽片,中脉
偏生一侧。
花: 花小,花辐射对称,头状花序呈伞房状排列;
花萼管状,5 齿裂,花瓣 5,雄蕊多数,花丝长
2~3cm,粉红色。
果实: 荚果扁平带状,长 8~10cm,黄褐色;种子
扁平,椭圆形。
花果期: 花期 6~7 月;果期 8~10 月。
分布: 产中国东北至华南和西南各地。生长迅速,
为重要的园林绿化树种。

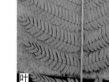

叶

柄腺体

花枝

快速识别要点

二回偶数羽状复叶,小叶刀形,中脉
偏生一侧,总柄两端各具 1 腺体。花小,
整齐,头状花序,雄蕊多数,花丝细长,
粉红色。荚果扁平带状,黄褐色。

花序

果实

相近树种识别要点检索

1. 羽片 4~12 对,小叶较小,10~30 对,近镰状长圆形,叶仅背面被短柔毛;花丝粉红色··············**合欢 *A. julibrissin***
1. 羽片 2~3 对,小叶较大,5~14 对,长圆形至长圆状卵形,两面均被短柔毛;花丝白色··············**山合欢 *A. kalkora***

山合欢 *Albizia kalkora* (Roxb.) Prain 含羞草科 Mimosaceae

树形

复叶

花序

花枝

果实

复叶 → 羽状复叶 小叶全缘

国槐

槐树（国槐）*Sophora japonica* L. 蝶形花科 Fabaceae

植株

树皮

树形和习性： 落叶乔木，高达25m；树冠近圆形。
树皮： 树皮暗灰色，浅纵裂。
枝条： 小枝深绿色，皮孔明显；冬芽小，呈柄下芽。
叶： 奇数羽状复叶互生，小叶7~17，卵形至卵状披针形，长2.5~5cm，先端尖，全缘，背面有白粉及柔毛。
花： 蝶形花冠，黄白色，排成顶生的圆锥花序；雄蕊10，离生。
果实： 荚果串珠状，长2~8cm，肉质，熟后不开裂。
花果期： 花期7~8月；果期9~10月。
分布： 产中国北部，全国各地栽培。在华北为重要的城市绿化树种，为北京市市树之一。

全国各地常见栽培其变型龙爪槐 *Sophora japonica* L. f. *pendula* Hort.，主要区别在于该变型枝条扭曲，树冠伞形。

枝条和芽

槐树（左）复叶正背面并与刺槐（右）比较

花

快速识别要点

小枝深绿色，皮孔明显。奇数羽状复叶，小叶卵形至卵状披针形，顶端尖。圆锥花序顶生；花冠蝶形，黄白色，雄蕊10，离生。念珠状荚果不开裂。

花枝

荚果

相近树种识别要点检索

1. 乔木；枝无刺，黄绿色；叶背被白色平伏毛；圆锥花序，花黄白色，夏季开花；荚果不开裂⋯⋯⋯⋯⋯**槐树 *S. japonica***
1. 灌木；具枝刺；小叶被白色绢毛；总状花序，花蓝白色，春季开花；荚果开裂⋯⋯⋯⋯⋯⋯⋯⋯**白刺花 *S. davidii***

白刺花 *Sophora davidii* (Franch.) Skeels 蝶形花科 Fabaceae

树形

树干

叶片正背面

花枝

果实

细枝岩黄耆 (花棒) *Hedysarum scoparium* Fisch. et Mey. 蝶形花科 Fabaceae

植株

树形和习性: 落叶灌木, 高 0.8~2m。
枝条: 茎和下部枝亮黄色或黄褐色, 皮呈纤维状剥落, 多分枝。小枝绿色或淡黄绿色, 疏被长柔毛。
叶: 奇数羽状复叶, 小叶 3~5 对, 矩圆状椭圆形或条形, 有时叶轴完全无小叶。
花: 总状花序腋生, 花稀疏; 蝶形花冠紫红色, 旗瓣比龙骨瓣稍长或稍短, 龙骨瓣较翼瓣长 2~4 倍, 二体雄蕊。
果实: 荚果, 具 2~4 节, 荚节凸胀, 近球形, 密被白色毡状柔毛。
果果期: 花期 6~9 月; 果期 8~10 月。
分布: 产西北及内蒙古, 生于半荒漠沙丘或沙地。为优良的防风固沙、水土保持灌木; 亦可用于饲料和观赏。

叶

花

花枝

枝干   枝条

快速识别要点

落叶灌木。奇数羽状复叶, 上部小枝的叶退化, 仅具绿色小枝。总状花序腋生; 花稀疏, 蝶形, 紫红色。荚果, 具 2~4 荚节, 被毛。

相近树种识别要点检索

1. 茎上部的叶通常无小叶; 荚果被毡状毛⋯⋯⋯⋯⋯⋯⋯⋯⋯⋯⋯⋯⋯⋯⋯⋯⋯⋯细枝岩黄耆 ***H. scoparium***
1. 叶具正常发育的小叶 7~19; 荚果被短柔毛⋯⋯⋯⋯⋯⋯⋯⋯⋯⋯⋯⋯⋯⋯⋯⋯蒙古岩黄耆 ***H. mongolicum***

蒙古岩黄耆 *Hedysarum mongolicum* Turcz. 蝶形花科 Fabaceae

灌丛

叶

花枝

复叶↓羽状复叶
小叶全缘

黄檀 *Dalbergia hupeana* Hance 蝶形花科 Fabaceae

枝叶

树形和习性：落叶乔木，高达 20m。
树皮：树皮暗灰色，条状纵裂。
枝条：幼枝淡绿色，无毛；无顶芽，腋芽 2 芽鳞。
叶：羽状复叶长 15~25cm，小叶 7~11，互生，近革质，矩圆形至宽椭圆形，长 3~5.5cm，先端钝圆或微凹，基部圆形，背面被平贴短柔毛。
花：聚伞状圆锥花序顶生或生于近枝顶外叶腋，花梗及花萼有锈色疏毛；蝶形花冠，淡黄白色，雄蕊 10，成 5+5 二体。
果实：荚果矩圆形或带状，扁平，长 3~7cm，宽 8~14mm；种子 1~3。
花果期：花期 5~6 月果；9~10 月成熟。
分布：产河南、江苏、浙江、安徽、山东、江西、湖北、湖南、广东、广西、四川、贵州，生于山坡灌丛或疏林中。

树皮　果实

快速识别要点

羽状复叶，小叶互生，近革质，矩圆形至宽椭圆形，先端钝圆或微凹。蝶形花冠，淡黄白色，二体雄蕊 5+5。荚果矩圆形或带状，扁平，具种子 1~3。

怀槐 *Maackia amurensis* Rupr. 蝶形花科 Fabaceae

树形

树形和习性：落叶乔木，高达 13m；树冠卵圆形。
树皮：幼时淡绿褐色，薄片状剥裂，老时暗灰色。
枝条：小枝灰褐色至紫褐色，稍有细棱；侧芽明显，黑褐色，近扁卵形。
叶：奇数羽状复叶互生；小叶 7~11，对生，卵形至卵状矩圆形，长 3.5~8cm，宽 2~5cm，顶端急尖或钝，基部圆或宽楔形。
花：总状花序 3~4 个集生，花密生；萼钟形，密生红棕色绒毛；蝶形花冠白色，雄蕊 10，花丝基本合生。
果实：荚果扁平，长椭圆形或线形，长 3~7cm，疏生短绒毛，沿腹缝线有宽约 1mm 的窄翅。
花果期：花期 6~7 月；果实成熟期 8~9 月。
分布：产黑龙江、吉林、辽宁、河北、河南、山东等地。

树干　复叶　果枝

快速识别要点

侧芽单生，明显。奇数羽状复叶互生，小叶对生。蝶形花冠，白色，雄蕊 10，花丝基本合生。荚果扁平，腹缝一侧具窄翅。

花枝

小叶全缘
复叶→羽状复叶

刺槐（洋槐） *Robinia pseudoacacia* L. 蝶形花科 Fabaceae

树形

树形和习性：落叶乔木，高 15~25m；树冠卵圆形。
树皮：黑褐色，条状深纵裂。
枝条：枝褐色，无毛，具对生托叶刺；芽为柄下芽。
叶：奇数羽状复叶，小叶 7~25，椭圆形或长卵形，长 2~5.5cm，先端圆钝，全缘。
花：总状花序腋生，下垂；蝶形花，白色，芳香，二体雄蕊 (9) +1。
果实：荚果条状矩圆形，扁平，腹缝具窄翅，开裂。
花果期：花期 4~5 月；果期 8~9 月。
分布：原产美国东部，19 世纪初由欧洲引入我国青岛栽培，现遍及全国各地，以华北和黄河流域最为普遍，成为逸生归化种。习见造林树种，也是优良水土保持和蜜源植物。

树皮

托叶刺

花解剖

复叶正背面

花序

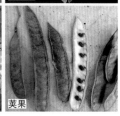
荚果

快速识别要点
落叶乔木，树皮黑褐色，深纵裂；枝条具托叶刺。奇数羽状复叶，小叶椭圆形或长卵形，先端钝圆。总状花序，花白色，蝶形花冠，二强雄蕊。荚果扁平，带状，开裂。

紫穗槐 *Amorpha fruticosa* L. 蝶形花科 Fabaceae

植株

树形和习性：灌木，高 1~4m；多分枝，枝条细长。
枝条：小枝灰褐色，被疏毛，后变无毛，嫩枝密被毛；叠生芽。
叶：奇数羽状复叶，小叶 11~25 枚，矩圆形至椭圆形，先端圆或钝，全缘，有透明油腺点。
花：多花密集成穗形总状花序，生于枝顶，长 7~17cm；蝶形花，仅具旗瓣，暗紫色，雄蕊 10，下部合生成鞘。
果实：荚果矩圆形，稍弯，下垂，不开裂，表面有瘤状腺体，常含 1 种子。
花果期：花期 5~6 月；果期 7~8 月。
分布：原产美国，我国自东北南部至长江流域广泛栽培。为优良的固沙、固坡、编织、造纸、饲草、绿肥和蜜源灌木。

复叶→羽状复叶
小叶全缘

快速识别要点
灌木；具叠生芽。奇数羽状复叶，小叶有油腺点。穗形总状花序，蝶形花冠仅具旗瓣，深紫色。荚果短，不开裂，表面有瘤状腺体，种子 1 枚。

花序

花

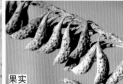
果实

花木蓝 *Indigofera kirilowii* Maxim. ex Palibin 蝶形花科 Fabaceae

植株

小枝

复叶

花序

荚果

树形和习性: 落叶灌木,高达1m。

枝条: 老枝褐色或淡褐色,圆柱形,幼枝禾秆色,具棱,被白色丁字毛。

叶: 奇数羽状复叶互生,小叶全缘,7~11枚,阔卵形、菱状卵形或椭圆形,长1.5~3cm,顶端钝或圆形,基部宽楔形或圆形,两面被白色丁字毛;托叶披针形,早落。

花: 总状花序腋生,与复叶近等长;蝶形花冠紫红色,长1.5~1.8cm。

果实: 荚果长圆柱形,长3.5~7cm,直径4~5mm,棕褐色,具多粒种子。

花果期: 花期6~7月;果期8~9月。

分布: 产东北、华北及华东,生于山坡灌丛或疏林中,可作观赏花灌木。

快速识别要点

落叶灌木;小枝及叶片被丁字毛。奇数羽状复叶。总状花序腋生;蝶形花冠紫红色。荚果长圆柱形。

相近树种识别要点检索

1. 小叶7~11枚,宽卵形、卵状菱形或椭圆形;总状花序和复叶及总花梗柄和叶柄均近等长;花较大,蝶形花冠长1.5cm以上;小叶长1.5~3cm······**花木蓝 *I. kirilowii***

1. 小叶3~9枚,椭圆形,长1.5cm以下;总状花序通常长于复叶,总花梗较叶柄短,花小,蝶形花冠长0.5cm左右······**河北木蓝 *I. bungeana***

河北木蓝 *Indigofera bungeana* Walp. 蝶形花科 Fabaceae

花枝

果枝

红花锦鸡儿 *Caragana rosea* Turcz. ex Maxim. 蝶形花科 Fabaceae

植株

树形和习性: 落叶灌木, 高约1m。
树皮: 树皮灰褐色, 有光泽。
枝条: 小枝灰黄色或灰褐色, 具宿存托叶刺。
叶: 偶数羽状复叶, 叶轴顶端成刺状, 小叶4, 假掌状排列, 长椭圆状倒卵形, 长1~2.5 (4) cm, 顶端圆或微凹有刺尖, 基部楔形; 托叶硬化成细刺状。
花: 单生叶腋; 蝶形花冠黄色, 凋谢时变为红紫色, 雄蕊10, 二体。
果实: 荚果圆筒形, 具渐尖头, 长6cm, 红褐色。
花果期: 花期5~6月; 果期7~8月。
分布: 产辽宁、河北、山西、山东、河南、陕西、甘肃、江苏、浙江、四川等。生于山坡、沟旁或灌丛中, 为黄土丘陵区水土保持树种。春天黄花满枝, 形如飞翔的小鸟, 为庭园观赏花灌木。

托叶刺及叶轴顶端具刺

复叶正背面

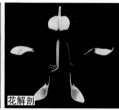
花解剖

花枝

荚果

快速识别要点

落叶灌木。偶数羽状复叶, 4小叶假掌状排列, 叶轴及托叶成刺状宿存。花单生叶腋。蝶形花冠, 花黄色, 凋谢时变红色。荚果圆筒形。

柠条锦鸡儿 *Caragana korshinskii* Kom. 蝶形花科 Fabaceae

荚果开裂

树形和习性: 落叶灌木, 稀小乔木, 高1~4m。
枝条: 老枝黄绿色, 有光泽; 嫩枝被白色柔毛。
叶: 偶数羽状复叶, 小叶6~8对, 倒披针形或矩圆状倒披针形, 先端锐尖, 具短尖头, 两面密被伏生绢毛; 托叶常硬化成针刺, 宿存。
花: 蝶形花冠黄色, 单生或簇生, 花梗中上部具关节。
果实: 荚果扁披针形, 长1.5~3.5cm, 光滑无毛。
花果期: 花期5~6月; 果期6~7月。
分布: 产宁夏、陕西、甘肃、内蒙古。生于半荒漠地区固定沙丘, 荒漠地区。为优良固沙、水土保持灌木。在草原牧区和黄土高原地区是羊等家畜重要的越冬饲料。

花枝

快速识别要点

落叶灌木。偶数羽状复叶, 小叶先端锐尖, 两面密被毛; 托叶成刺状。蝶形花冠, 花黄色。荚果扁披针形, 无毛。

相近树种识别要点检索

1. 小叶2对, 为假掌状; 叶、子房、花萼及荚果均无毛; 花常橘黄色……………………**红花锦鸡儿 *C. rosea***
1. 羽状复叶具多对小叶; 叶被毛。
  2. 叶轴不硬化成叶轴刺, 脱落; 花黄色; 荚果光滑无毛……………………**柠条锦鸡儿 *C. korshinskii***
  2. 叶轴木质硬化成叶轴刺, 宿存; 花黄白色, 有淡紫色条纹; 荚果密被白色柔毛……………………**鬼箭锦鸡儿 *C. jubata***

鬼箭锦鸡儿 *Caragana jubata* (Pall.) Poir. 蝶形花科 Fabaceae

灌丛

叶轴刺宿存

花枝

荚果

复叶↓羽状复叶
小叶全缘

紫藤

紫藤 *Wisteria sinensis* (Sims) Sweet 蝶形花科 Fabaceae

缠绕习性

树形和习性：缠绕木质藤木。

枝条：茎左旋，老枝灰褐色，嫩枝被白色柔毛，后褪净；冬芽卵形。

叶：奇数羽状复叶，小叶 7~13，卵形至卵状披针形，长 4.5~11cm，顶端渐尖，基部圆形或宽楔形。

花：总状花序腋生，长 15~30cm，下垂；萼钟状，花冠紫色或紫红色，雄蕊 10，二体。

果实：荚果扁平，长条状纺锤形，长 10~20cm，密被灰黄色、丝绢光亮的绒毛。种子扁圆形。

花果期：花期 4~5 月，果期 9~10 月。

分布：原产江苏、浙江、安徽、江西、山东、河南、陕西等地。各地有栽培。

为中国园林设计中典型的庭院花架、花廊绿化树种，用于庭荫、观花和观果。

复叶

花序

荚果

快速识别要点

缠绕木质藤本。奇数羽状复叶，小叶卵形至卵状披针形；总状花序，下垂；蝶形花冠紫色；荚果近扁平，长条状纺锤形，密被灰色绢毛。

铃铛刺 *Halimodendron halodendron* (Pall.) Druce 蝶形花科 Fabaceae

植株

树形和习性：灌木，高达 2m。

树皮：树皮暗灰褐色。

枝条：分枝密，具短枝；长枝褐色至灰黄色，有棱，无毛；当年生小枝密被白色短柔毛。

叶：偶有羽状复叶，小叶 2~4，叶轴和托叶宿存，呈针刺状；小叶倒披针形，长 1.2~3cm，宽 6~10mm，顶端圆或微凹，有凸尖，基部楔形；小叶柄极短。

花：总状花序具 2~5 花；总花梗密被绢质长柔毛；花冠淡紫色至紫红色；子房膨大无毛。

果实：荚果膨胀，果瓣较厚，长 1.5~2.5cm，背腹稍扁、先端有喙。

花果期：花期 7 月，果期 8 月。

分布：内蒙古西北部和新疆、甘肃（河西走廊沙地）。

复叶正背面

叶轴刺

花枝

果实

复叶→羽状复叶
小叶全缘

快速识别要点

落叶灌木；偶数羽状复叶，小叶 2~4；叶轴和托叶宿存，并硬化成针刺状。总状花序具花 2~5；花冠淡紫色。荚果膨胀成囊状，两侧缝线稍下凹，果瓣较厚。

无患子 *Sapindus saponaria* L. (*Sapindus mukorossi* Gaertn.) 无患子科 Sapindaceae

树形

树形和习性：落叶乔木，高达15m，胸径40cm。
树皮：树皮灰褐色或黑褐色，平滑。
枝条：嫩枝绿色，无毛；芽叠生。
叶：一回羽状复叶，常因顶端小叶退化而成偶数羽状复叶，连柄长20~45cm，小叶4~8对，纸质，卵状披针形至矩圆状披针形，长8~15cm，宽2~5cm，无毛，网脉明显。
花：圆锥花序顶生，长15~30cm，有茸毛；花小，通常两性，萼片5，花瓣5，有长爪内面基部有2个耳状小鳞片，雄蕊8，花丝下部生长柔毛，花盘碟状。
果实：核果肉质，球形，直径约2cm，熟时黄色或橙黄色，基部一侧具2个由不发育的分果瓣脱落后的大疤痕；种子球形，黑色坚硬。
花果期：花期6月；果期10月。
分布：产华中、华东、华南至西南地区。

树皮

叶片正背面

快速识别要点

落叶乔木，树皮灰褐色，平滑。一回偶数羽状复叶，小叶卵状披针形至矩圆状披针形，网脉明显。核果近球形，熟时黄色或橙黄色，基部一侧具2个由不发育的分果瓣或由此脱落后的疤痕。

枝叶

果实

果实及种子

黄连木 *Pistacia chinensis* Bunge 漆树科 Anacardiaceae

树形

树形和习性：落叶乔木，高可达25m，胸径1m。
树皮：暗褐色，鳞片状剥落。
枝条：小枝灰棕色，有柔毛；冬芽红色，有特殊气味。
叶：偶数羽状复叶，具10~14小叶，叶轴及叶柄被微柔毛；小叶近对生，纸质，披针形或窄披针形，长5~10cm，先端渐尖，基部不对称，边缘全缘。
花：花单性异株，腋生圆锥花序，先叶开花，雄花序密集，雌花序松散，均被微柔毛；花单被，无花瓣，有花盘，雄花花萼2~4裂，雄蕊3~5；雌花花萼7~9裂，外层2~4片，披针形或线状披针形，内层5片为卵形或长圆形。
果实：核果球形，略压扁，径约0.5cm，可育果实成熟为铜绿色，败育的为红色。
花果期：花期3~4月；果期9~11月。
分布：分布于华北、华东、中南、西北地区。

复叶→羽状复叶 小叶全缘

快速识别要点

偶数羽状复叶，有乳汁，小叶披针形，基部不对称，全缘。花单性异株，腋生圆锥花序。核果扁球形，发育果实成熟后为铜绿色，败育果实为红色。

树皮

偶数羽状复叶正背面

雌花

雄花

果实

漆树 *Toxicodendron verniciftuum* (Stokes) F. A. Barkl. 漆树科 Anacardiaceae

树形

树形和习性：落叶乔木，高可达 20m。全株具白色乳汁，干后变黑。
树皮：灰白或灰褐色，粗糙，呈不规则纵裂。
枝条：小枝粗壮，被棕黄色柔毛；顶芽大，具棕黄色绒毛。
叶：大型一回奇数羽状复叶，长 15~30cm，小叶 9~13，卵形或椭圆状长圆形，长 6~13cm，宽 3~7cm，全缘，先端渐尖，基部偏斜，背面沿脉、叶轴及叶柄被绒毛。
花：花小，杂性或单性异株，黄绿色，组成腋生圆锥花序；花 5 基数，花瓣常具褐色羽状脉纹，雄蕊 5，着生于环状花盘的边缘，子房 1 室 1 胚珠，花柱 3 裂。
果实：果序常下垂。核果扁圆形或肾形，径 0.6~0.8cm，外果皮灰黄色，有光泽，无毛，中果皮蜡质，具树脂道条纹，果核坚硬。
花果期：花期 5~6 月；果期 8~10 月。
分布：分布广，除黑龙江、内蒙古大部、吉林、新疆等外，其余各地均产。

树皮

叶片正背面

果实和小叶

快速识别要点

全株具白色乳汁，干后变黑。小枝粗壮，被棕黄色柔毛。一回奇数羽状复叶，小叶卵形或椭圆状长圆形，全缘，基部偏斜，叶面沿脉、叶轴及叶柄被绒毛。果序常下垂，核果扁圆形，褐黄色。

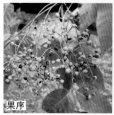

果序

果实

臭檀 *Evodia daniellii* (Benn.) Hemsl. 芸香科 Rutaceae

树形

树形和习性：落叶乔木，高达 20m，胸径约 1m。
树皮：暗灰色，平滑不开裂。
枝条：小枝红褐色，被柔毛；冬芽为裸芽。
叶：揉之有刺鼻的臭味。奇数羽状复叶对生，小叶 5~11，阔卵形至卵状椭圆形，长 6~15cm，宽 3~7cm，散生少数油点，先端长渐尖，基部圆或阔楔形，偏斜，边缘有极浅锯齿，近全缘，叶背在脉腋有簇毛。
花：花小，单性异株，排成顶生聚伞状圆锥花序；萼片和花瓣 5，雄花雄蕊 5，着生于花盘的基部，雌花子房心皮 4~5，分离，中部以下合生。
果实：聚合蓇葖果 4~5，成熟时开裂，紫红色，外果皮有腺点。
花果期：花期 6~8 月；果期 9~11 月。
分布：天然分布于秦岭、山东东部和中部。除东北地区和新疆外，在辽宁南部以南全国各地广泛栽培，其中以陕西、河北、四川、河南、山东、贵州、山西为主要产区。

树皮

叶片正背面

花

快速识别要点

树皮暗灰色，平滑；裸芽。奇数羽状复叶对生，小叶揉之有刺鼻的臭味，背面在脉腋有簇毛。顶生聚伞状圆锥花序。聚合蓇葖果 4~5，成熟时开裂，紫红色。

果

果开裂

187

霸王 *Zygophyllum xanthoxylon* (Bunge) Maxim. 蒺藜科 Zygophyllaceae

树形

枝叶

树形和习性: 落叶灌木, 高 0.7~1.5m。

枝条: 枝疏展, 弯曲, 小枝灰白色, 顶端刺状。

叶: 复叶具 2 小叶, 在幼枝上对生, 老枝上簇生; 小叶椭圆状条形或长匙形, 肉质, 长 0.8~2.5cm, 宽 3~5mm, 顶端圆, 基部渐狭; 叶柄明显, 长 0.8~2.5cm。

花: 花单生, 黄白色, 萼片 4, 倒卵形; 花瓣 4, 倒卵形或近圆形, 顶端圆, 基部渐狭成爪; 雄蕊 8, 长于花瓣, 褐色, 花丝基部具鳞片状附属物, 鳞片顶端浅裂, 长约为花丝的 2/5; 子房 3 室。

果实: 蒴果常具 3 宽翅, 宽椭圆形或近球形, 不开裂, 长 1.8~3.5cm, 翅宽 5~9mm。种子肾形, 黑褐色。

花果期: 花期 5~6 月; 果期 6~7 月。

分布: 产中国西北地区。蒙古亦产。属强旱生植物。

复叶→羽状复叶 小叶全缘

花

果枝

果实

快速识别要点

灌木; 小枝灰白色, 顶端刺状。复叶具 2 小叶, 小叶肉质, 椭圆状条形或长匙形; 叶柄肉质, 圆柱形, 绿色。蒴果轮廓近球形, 具 3 宽翅。

辽东楤木 *Aralia elata* (Miq.) Seem. 五加科 Araliaceae

树形

皮刺

树形和习性: 落叶乔木,高可达 8m,但常长成灌木状。
树皮: 树皮灰色,疏生粗壮直刺。
枝条: 小枝灰棕色,无毛,密被细刺。
叶: 大型二至三回羽状复叶,小叶 7~11,卵形,边缘有锯齿两面无毛或沿脉疏被毛叶柄粗状,基部呈耳廓形。
花: 伞形花序组成顶生圆锥花序,长 30~50cm,一级分支在主轴上成伞房状排列,密生灰色柔毛;花白色,芳香,5 基数。
果实: 球形,黑色,直径约 4mm。
花果期: 花期 6~8月;果期 9~10月。
分布: 产东北、华北中部;多散生于低海拔阔叶林中火中林缘。根皮入药,嫩叶可食。

叶片(部分)正背面

花序

快速识别要点

落叶小乔木,树干疏生粗壮直刺。小枝无毛,密被细刺。大型二至三回羽状复叶,叶柄基部膨大呈耳廓形。伞形花序组成圆锥状花序在主轴上成伞房状排列。果实球形,黑色。

幼果

果实

楤木 *Aralia chinensis* L. 五加科 Araliaceae

树形

树形和习性: 落叶乔木,高可达8m,但常长成灌木状。
树皮: 树皮灰色,疏生粗壮直刺。
枝条: 小枝灰棕色,有黄棕色绒毛,疏生细刺。
叶: 大型二至三回羽状复叶,长 60~110cm,小叶 5~11,卵形,边缘有锯齿,表面疏被糙毛,背面被黄色或灰色柔毛;叶柄粗状,基部呈耳廓形。
花: 伞形花序组成顶生圆锥花序,长 30~60cm,一级分支在主轴上成总状排列,密生淡黄色柔毛;花白色,芳香,5 基数。
果实: 球形,黑色,直径约 3mm,有 5 棱,花柱宿存。
花果期: 花期 7~8月;果期 9~10月。
分布: 产华北、华中、华东、华南、西南地区;多生于低山丘陵区。根皮入药,嫩叶可食。

东北和华北分布其近缘种辽东楤木 *Aralia elata* (Miq.) Seem.,区别在于该种圆锥花序主轴短,一级分支在主轴上成伞房状排列;小枝无毛。

快速识别要点

落叶小乔木,树干疏生粗壮直刺。小枝有黄棕色绒毛,大型二至三回羽状复叶。伞形花序组成顶生圆锥状花序。果实球形,黑色。

果序

复叶↓羽状复叶
小叶具锯齿

189

化香树 *Platycarya strobilacea* Sieb. et Zucc. 胡桃科 Juglandaceae

枝叶

树形和习性：落叶小乔木，高 5~20m。
树皮：树皮灰色，浅纵裂。
枝条：二年生枝条暗褐色，具细小皮孔，小枝密被短柔毛。
叶：奇数羽状复叶，小叶 7~23，长椭圆状披针形，长 4~12cm，宽 2~4cm，先端渐尖，基部阔楔形或微心形，稍偏斜，边缘有细尖的重锯齿，幼时具毛，老时光滑，无柄。
花：穗状花序顶生，直立，中间常为雌花序，周围为雄花序，或雌花序在下，雄花序在上，或全部为雄花序。
果实：果序圆柱形，呈球果状，黑褐色，宿存苞片木质，披针形，先端锐尖；果序常宿存。坚果圆形，有 2 狭翅。
花果期：花期 5~6 月；果期 7~8 月。
分布：产山东、河南、陕西（秦岭南坡）、甘肃，向南至华东、华南、西南各地及台湾北部。

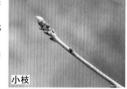
小枝

叶片正背面

花序

果序

成熟果序

快速识别要点

　　落叶小乔木；树皮浅纵裂。奇数羽状复叶，小叶长椭圆状披针形，边缘有细尖的重锯齿。果序球果状，黑褐色，宿存苞片木质，披针形，先端锐尖，果序成熟后宿存。

核桃楸 *Juglans mandshurica* Maxim. 胡桃科 Juglandaceae

树型
髓心　腺毛　叶背面、叶缘
雌花　雄花序　复叶
果序　果核（内果皮）

复叶↓羽状复叶　小叶具锯齿

190

核桃 *Juglans regia* L. 胡桃科 Juglandaceae

树形

树形和习性：落叶乔木，高达 30m，胸径达 2.6m；树冠广圆形或近心形。
树皮：灰白色，幼时不裂，老时浅纵裂。
枝条：小枝粗壮，幼时为灰绿色，后变褐色，无毛，具片状髓心。芽单生或叠生，顶芽和叶芽为鳞芽，近球形，雄花序芽侧生，为裸芽，圆柱形，球果形。
叶：一回奇数羽状复叶，小叶 5~9，顶端生小叶最大，小叶椭圆状卵形或椭圆形，长 4.5~12.5cm，先端钝圆或微尖，全缘；叶痕猴脸状，具 3 组维管束痕。
花：雄柔荑花序单生或簇生于二年生枝叶腋，长 13~15cm；雌花 1~3 集生枝顶，花被 4 裂，子房下位，柱头 2 裂，羽状。子房、总苞和幼果被白色腺毛。
果实：核果状坚果，球形，径 4~6cm，无毛；果核具 2 纵钝棱及浅刻纹，皮薄。
花果期：花期 4~5 月；果期 9~10 月。
分布：为中国重要的干果和油料树种，在辽宁南部以南的广大地区广泛栽培，以西北和华北为主要产区。中国新疆（霍城、新源、额敏）、西藏有野生。

树皮

枝条，示冬芽

髓心

叶片正背面

雌花

雄花序

花

果序

未成熟果实

果核（内果皮）及种子

快速识别要点

　　小枝粗壮，具片状髓心。叶芽球形，鳞芽；雄花序芽圆柱形，裸芽。奇数羽状复叶互生，小叶 5~9，顶端小叶大于基部小叶，全缘，无毛。核果状坚果，球形，果皮光滑无毛，成熟 4 裂。

相近树种识别要点检索

1. 羽状复叶小叶顶端大，向基部渐小，无毛或叶背脉腋有簇生或短毛；雌花 1~3 集生；核果 1~3，近球形。
　　2. 小叶 5~9，全缘，无毛或叶背脉腋有簇生毛，钝圆或微尖；果核近球形，具 2 纵棱·······················**核桃 *J. regia***
　　2. 小叶 7~15，小叶长椭圆形至卵状椭圆形，具疏锯齿或近全缘，急尖或渐尖，叶背脉上有短毛；果实及果核顶端具尖头，具 8 纵棱脊，其中 2 条较凸出·······················**麻核桃 *J. hopeiensis***
1. 羽状复叶顶生小叶小，小叶 9~25，具细锯齿，叶背密被腺毛和绒毛，触摸有粘黏感。雌花 5~11 成穗状；果序具果实 5 个以上，果实被腺毛。
　　3. 小叶矩圆状椭圆形。核果和果核长卵形或长椭圆形，先端锐尖，有 8 条·······················**核桃楸 *J. mandshurica***
　　3. 小叶卵状长圆形。核果和果核卵形或近球形，先端突尖，有 6~8 条纵棱·······················**野核桃 *J. cathayensis***

野核桃 *Juglans cathayensis* Dode
胡桃科 Juglandaceae

植株

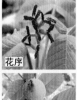
花序

果实

果实

麻核桃 *Juglans hopeiensis* Hu
胡桃科 Juglandaceae

枝叶

叶片背正面

内果皮

复叶→羽状复叶
小叶具锯齿

191

枫杨（麻柳） *Pterocarya stenoptera* C. DC. 胡桃科 Juglandaceae

树形

树形和习性：大乔木，高达 30m，胸径 1~2m；树冠广圆形。
树皮：幼树皮红褐色，平滑；老树皮灰褐色，深纵裂。
枝条：小枝灰色至暗褐色，具皮孔，髓心片状分隔；裸芽具柄，密被锈褐色腺鳞。
叶：叶奇数羽状复叶，顶生小叶有时缺，小叶 10~16（稀 6~25）枚，无柄，长椭圆形至长椭圆状披针形，长 4~10cm，宽 1.5~3cm，先端钝或短尖，基部偏斜，叶面被腺鳞，叶背中脉和侧脉有短毛，叶轴具窄翅。
花：柔荑花序下垂；雄花序单生去年生枝叶腋，长 5~10cm，雄花无柄，基部具 1 苞片及 2 小苞片；雌花序单生新枝上部，雌花贴生于苞腋，具 2 小苞片，花被 4 裂。
果实：坚果具 2 斜展之翅，形如元宝，翅长圆形或长椭圆状披针形，无毛。
花果期：花期 4~5 月；果期 8~9 月。
分布：黄河、长江流域以南各地，为溪边及水湿地习见树种。辽宁南部及河北等地有栽培。

裸芽 髓心
叶片背正面 叶轴翅
花序 果序

快速识别要点

　　落叶乔木。小枝髓心片状分隔；芽均为裸芽，具柄，密被锈褐色腺鳞。奇数或偶数羽状复叶，小叶长椭圆形至长椭圆状披针形，有细锯齿，叶轴有窄翅。小坚果具斜展双翅。

相近树种识别要点检索

1. 小芽均为裸芽，具柄，密被锈褐色腺鳞。小叶长椭圆形至长椭圆状披针形，有细锯齿，叶轴有窄翅。小坚果具斜展双翅··············枫杨 *P. stenoptera*
1. 叶芽为鳞芽。小叶，叶轴具不明显窄翅。小坚果具圆钝双翅··············湖北枫杨 *P. hupehensis*

湖北枫杨 *Pterocarya hupehensis* Skan 胡桃科 Juglandaceae

叶片正背面

果序

牡丹 *Paeonia suffruticosa* Andr. 芍药科 Paeoniaceae

树形和习性：落叶灌木，高达 2m。

枝条：分枝多而粗壮。

叶：二回羽状复叶，小叶宽卵形至长卵形，上面叶脉稍下凹使叶面不光滑，长 4.5~8cm，侧生小叶常全缘；叶柄长5~10cm。

花：单生枝顶，花径 10~30cm；花色多样，花萼 5，宿存；花瓣 5；雄蕊多数，离心发育，部分雄蕊变态形成蜜腺或无变态雄蕊；心皮 3~5，离生，密生绒毛，周围具杯状花盘。

果实：聚合蓇葖果长圆形，密被黄褐色硬毛，成熟时开裂。种子大，具有珠柄发育形成的假种皮。

花果期：花期 4~5 月；果期 9 月。

分布：原产中国西部及北部，秦岭、嵩山等地有野生。栽培历史久远，为著名观赏植物，是我国十大名花之一。经人工培育，常有重瓣，有红、粉红、紫罗兰、黄、白、豆绿等颜色。

　　近缘种芍药 *Paeonia lactiflora* 为多年生草本，小叶平滑，有光泽，顶生小叶全裂，与牡丹区别明显。近缘种紫斑牡丹 *Paeonia rockii* 为灌木；二至三回羽状复叶，小叶披针形或卵状披针形，全缘；花被片白色，基部具大型深黑紫色斑。分布于秦岭山脉。

树干　叶形　花　花　蓇葖果　离生心皮

快速识别要点

　　多分枝小灌木。二回羽状复叶，顶生小叶 3~5 裂；叶柄长。花大，单生枝顶，雄蕊多数，离心发育，心皮 3~5，离生。聚合蓇葖果，成熟时开裂。

紫斑牡丹 *Paeonia rockii* (S. G. Haw et Lauener) T. Hong et J. J. Li 芍药科 Paeoniaceae

叶片　花　花蕊

华北珍珠梅 *Sorbaria kirilowii* (Regel et Tiling) Maxim. 蔷薇科 Rosaceae

花序

树形和习性：落叶灌木，高 2~3m。

枝条：小枝圆柱形，无毛，红褐色。冬芽卵形，紫褐色，先端急尖。

叶：奇数羽状复叶互生，小叶 13~21，披针形，长 4~7cm，先端渐尖，基部近圆或宽楔形，叶缘有尖锐重锯齿，两面无毛；托叶线状披针形，全缘。

花：大型圆锥花序顶生；花冠较小，直径 6~7mm，花瓣 5，白色，雄蕊 20~25 心皮 5，上部分离，中部以下结合，花蕾期呈圆球状，白色，形同白色珍珠。

果实：蓇葖果长圆柱形，长约 3mm，无毛。

花果期：花期 5~7 月；果期 8~9 月。

分布：产辽宁、内蒙古中南部、河北、山东、安徽北部、河南、山西、陕西南部、宁夏、新疆中北部及青海东部。北方地区常见栽培，供观赏。

冬芽

复叶正背面

花枝

花

快速识别要点

落叶灌木；冬芽卵形，先端急尖，奇数羽状复叶互生，小叶 13~21，披针形，有尖锐重锯齿。大型圆锥花序顶生；花小，蕾期圆球状，白色，形同白色珍珠，雄蕊 20~25，心皮 5。聚合蓇葖果。

聚合蓇葖果

相近树种识别要点检索

1. 冬芽先端急尖。羽状复叶具小叶 13~21。圆锥花序分枝斜出或稍直立；雄蕊 20~25，与花瓣等长或稍短；花柱稍侧生··华北珍珠梅 *S. kirilowii*
1. 冬芽先端圆钝。羽状复叶具小叶 11~17。圆锥花序分枝近于直立；雄蕊 40~50，长于花瓣近 2 倍；花柱顶生··珍珠梅 *S. sorbifolia*

珍珠梅 *Sorbaria sorbifolia* (L.) A. Br. 蔷薇科 Rosaceae

植株

复叶正背面

珍珠梅（右）与华北珍珠梅 比较

花序

果实

复叶→羽状复叶 小叶具锯齿

194

黄刺玫 *Rosa xanthina* Lindl. 蔷薇科 Rosaceae

植株

树形和习性： 落叶灌木，高达3m。

枝条： 枝常拱曲。小枝常红棕色，无毛，有散生扁平皮刺。

叶： 羽状复叶互生，小叶7~13，宽卵形或近圆形，长0.8~1.5cm，先端圆钝，基部宽楔形或近圆，有圆钝锯齿，表面无毛，背面幼时被稀疏柔毛，渐脱落；叶柄和叶轴有稀疏柔毛和小皮刺；托叶大部贴生叶柄，离生部分耳状。

花： 花两性，单生叶腋，重瓣或单瓣，黄色，径3~4cm；萼片披针形，全缘，花瓣宽倒卵形，先端微凹，花柱离生，被长柔毛微伸出萼筒，比雄蕊短。

果实： 果近球形或倒卵圆形，径1.2~1.5cm，熟时紫褐色。

花果期： 花期5~6月；果期7~8月。

分布： 东北、华北各地庭园栽培观赏。

花解剖

复叶正背面

快速识别要点

　　丛生灌木；小枝红棕色，有散生皮刺。羽状复叶，小叶7~13，小，宽卵形或近圆形，先端圆钝，有圆钝锯齿。花单生叶腋，黄色。果近球形或倒卵圆形，熟时紫褐色。

花

果实

相近树种识别要点检索

1. 直立灌木；托叶全缘或有腺齿；花单生或2~3朵；花柱离生。萼片宿存，直立。
　　2. 小叶较大，椭圆形至长卵形；花瓣紫红色、红色、粉红色或白色。
　　　　3. 小叶 (5~)7~9。
　　　　　　4. 小枝褐色，密被绒毛和刺毛；小叶5~9，椭圆形，单锯齿，表面皱褶，叶脉下陷，叶背灰绿色；叶背、叶柄和叶轴密被柔毛和腺毛。花玫瑰色。果扁球形，砖红色，花萼宿存⋯⋯⋯⋯⋯**玫瑰 *R. rugosa***
　　　　　　4. 小枝无毛。小叶7~9。花粉红色。果卵球形。
　　　　　　　　5. 花梗和萼筒光滑无毛，小叶长圆形至宽披针形，叶背有腺点，单锯齿和重锯齿兼有。萼片先端扩展成叶状，有不整齐锯齿和腺毛；果近球形或卵球形，红色⋯⋯⋯⋯⋯**山刺玫 *R.davurica***
　　　　　　　　5. 花梗和萼筒密被柔毛，小叶椭圆形或卵形，单锯齿，叶背无毛。枝上仅有直立的皮刺，有时密被刺毛。萼片先端延长成带状，全缘。果椭圆状卵球形，暗红色⋯⋯⋯⋯⋯**美蔷薇 *R. bella***
　　　　3. 小叶 3~5(~7)，近花序小叶常3；宽卵形或卵状长圆形，表面光亮，背面毛。小枝绿色，仅具扁曲皮刺⋯⋯⋯⋯⋯⋯⋯⋯⋯⋯⋯**月季 *R. chinensis***
　　2. 小叶较小，7~13，宽卵形至近圆形，有圆钝锯齿；小枝无毛，无针刺；叶轴、叶柄有稀疏柔毛和小皮刺；花单生，黄色萼筒、萼片外无毛；果近球形或倒卵圆形，无毛，萼片反折⋯⋯⋯⋯⋯**黄刺玫 *R. xanthina***
1. 攀援灌木；花多朵。萼片脱落。
　　　　6. 小叶 3~5~(7)，椭圆形至长披针形，光亮，单锯齿细尖锐；托叶离生，钻形。小枝、花均光滑无毛。皮刺下弯。花小，芳香，黄色或黄白色，伞房花序，花柱分离⋯⋯⋯⋯⋯**木香 *R. banksiae***
　　　　6. 小叶 5~9，倒卵形、长圆形至卵形，顶端叶有时具3小叶，尖锐单锯齿较大；托叶蓖状；圆锥状花序；花柱合生；果近球形，红褐色至紫褐色，有光泽，无毛，果梗常有腺毛⋯⋯⋯⋯⋯**多花蔷薇 *R. multiflora***

複葉↓羽状複葉
小叶具鋸齿

　　多花蔷薇有多种栽培观赏类型：'白玉堂' *R. multiflora* var. *albo-plena* 花重瓣，白色；'粉团蔷薇' *R. multiflora* var. *cathayensis* 花单瓣，粉红色；'七姊妹' *R. multiflora* var. *carnea* 花重瓣，粉红色。

月季 *Rosa chinensis* Jacq. 蔷薇科 Rosaceae

植株

树形和习性：常绿或半落叶灌木，高1~2m。
枝条：小枝绿色，近无毛，有钩状而基部膨大的皮刺。
叶：羽状复叶互生，小叶3~5（~7），花枝顶端的几片叶具3小叶，小叶宽卵形或卵状长圆形，长2.5~6cm，宽1~3cm，有锐锯齿，两面近无毛，表面暗绿色，常带光泽，叶柄及叶轴有散生皮刺和腺毛。托叶大部贴生叶柄，顶端分离部分耳状，边缘常有腺毛。
花：花两性，单生或成伞房状花序；花托壶状，花5基数，单瓣或重瓣，白色、黄色、粉红色或红色；雄蕊多数，着生萼筒内部；离心皮雌蕊多数。
果实：蔷薇果卵圆形或梨形，长1~2cm，熟时红色；萼片宿存。
花果期：花期4~9月；果期6~11月。
分布：中国各地普通栽培。园艺品种很多，为北京市市花之一。

皮刺

复叶正背面

花

快速识别要点

　　灌木，小枝绿色，有钩状皮刺，刺基部扁而宽。羽状复叶，小叶3~5，近花序的小叶有时3；小叶宽卵形或卵状长圆形，表面平滑，具光泽；托叶贴生叶柄。蔷薇果熟时红色。

花

果实

木香 *Rosa banksiae* Ait. 蔷薇科 Rosaceae

花

皮刺

叶片正背面

美蔷薇 *Rosa bella* Rehd. et Wils. 蔷薇科 Rosaceae

复叶↓羽状复叶　小叶具锯齿

皮刺

叶片正背面

花

果实

山刺玫 *Rosa davurica* Pall. 蔷薇科 Rosaceae

植株　果枝　花　果实

多花蔷薇 *Rosa multiflora* Thunb. 蔷薇科 Rosaceae

植株　托叶篦齿状　复叶　果序　果实

玫瑰 *Rosa rugosa* Thunb. 蔷薇科 Rosaceae

植株　枝条、皮刺　复叶正面　复叶背面

复叶→羽状复叶
小叶具锯齿

花楸树 *Sorbus pohuashanensis* (Hance) Hedl. 蔷薇科 Rosaceae

树形

树形和习性：落叶乔木，高8m。
树皮：灰褐色，具横生皮孔。
枝条：小枝灰褐色，密被绒毛，冬芽大，长圆形，外被灰白色绒毛。
叶：奇数羽状复叶互生，小叶约13枚，卵状披针形或椭圆状披针形，长3~5cm，宽1.4~1.8cm，叶缘中部以上有细锐锯齿，表面近无毛，背面苍白色，有稀疏或较密集绒毛；托叶近半圆形，有粗大锯齿。
花：复伞房花序具多花，总花梗及花梗均密被灰白色绒毛；花萼具绒毛，萼筒钟形萼片三角形，花瓣白色，子房下位。
果实：梨果近球形，径0.6~0.8cm，成熟时红色或橘红色；萼片宿存。
花果期：花期6月；果期9~10月。
分布：产黑龙江、吉林、辽宁、内蒙古、甘肃中南部、陕西中西部、山西北部、河北、山东中西部、安徽东南部。

| 叶片正面 | 叶片背面 | 花序 | 果实 |

快速识别要点

冬芽、叶背、花序梗和花梗被灰白色绒毛。奇数羽状复叶互生，小叶卵状披针形或椭圆状披针形，中部以上有细锐锯齿，叶背苍白色。复伞房花序；花白色。梨果近球形，成熟时红色或橘红色。

相近树种识别要点检索

1. 奇数羽状复叶。梨果球形。
  2. 冬芽、叶背及花序梗及花梗被白色绒毛；果实红色······**花楸树 *S. pohuashanensis***
  2. 冬芽无毛或仅先端微具柔毛；果实白色或黄色；花序和叶片无毛，花序较稀疏······**北京花楸 *S. discolor***
1. 单叶，叶缘有不规则重锯齿或浅裂。梨果长圆柱形。
  3. 叶背无毛，叶脉6~10对，具尖锐重锯齿。果实椭圆形或卵形······**水榆花楸 *S. alnifolia***（见第156页）
  3. 叶背叶脉及叶柄密被白色绒毛，侧脉8~15对。果实椭圆形，近平滑······**石灰花楸 *S. folgneri***（见第156页）

北京花楸 *Sorbus discolor* (Maxim.) Maxim. 蔷薇科 Rosaceae

植株

树干 | 叶片正背面

果枝 | 果实

皂荚（皂角） *Gleditsia sinensis* Lam. 苏木科 Caesalpiniaceae

果实

树形和习性：落叶乔木，高达 30m，胸径达 1.2m；树冠阔卵形。
树皮：树皮黑褐色，粗糙不裂；树干上具圆柱形分枝刺，长达 16cm。
枝条：枝条灰褐色，具枝刺，无顶芽，侧芽单生或叠生。
叶：一回羽状复叶常簇生，幼枝或萌条叶具二回羽状复叶；小叶 3~9 对，卵形或长圆状卵形，边缘具细锯齿，叶基偏斜，叶背网脉明显。
花：总状花序腋生；花黄白色，4 数，杂性，雄花较两性花稍小。
果实：荚果长 12~35cm，直而扁平，微肥厚，成熟时暗棕色，有光泽。
花果期：花期 4~5 月；果期 10 月。
分布：产河北、山西、山东、河南、陕西、甘肃及长江流域以南至西南地区。

枝刺

叠生芽

枝叶

花序

快速识别要点

树皮黑褐色；枝刺圆柱形、分枝，生于树干。一回或兼有二回羽状复叶，常簇生，小叶卵形或长圆状卵形，叶基偏斜。荚果直而扁平，微肥厚，成熟时暗棕色，有光泽。

果实、种子和叶

相近树种识别要点检索

1. 高大乔木；枝刺分枝；小叶大，长 2cm 以上；荚果带状，长 12cm 以上，具种子多粒。
　2. 枝刺圆柱形；小叶网脉明显，边缘具细锯齿；荚果果皮较厚，不扭转·······································皂荚 *G. sinensis*
　2. 枝刺基部扁；小叶网脉不明显，边缘全缘或具疏浅钝齿；荚果不规则扭转或弯曲作镰刀状·······································
　　·······································日本皂荚 *G. japonica*
1. 灌木；枝刺多不分枝；小叶小，长 2cm 以下；荚果短，长椭圆形，具种子 1~3·······································山皂荚 *G. microphylla*

山皂荚 *Gleditsia microphylla* Gordon ex Y. T. Lee 苏木科 Caesalpiniaceae

植株

枝刺

叶

山皂荚和皂荚比较

果实

花

日本皂荚 *Gleditsia japonica* Miq. 苏木科 Caesalpiniaceae

二回复叶

一回复叶

树干枝刺

果实扭曲

复叶↓羽状复叶
小叶具锯齿

栾树 *Koelreuteria paniculata* Laxm. 无患子科 Sapindaceae

植株

树形和习性: 落叶乔木,高达 15m;树冠阔卵形。
树皮: 灰褐色至灰黑色,纵裂。
枝条: 小枝灰褐色,有柔毛。
叶: 叶为一回羽状复叶,有时小叶深裂至全裂而形成二回或不完全二回羽状复叶;小叶 7~15 对,卵形至卵状披针形,长 5~10cm,顶端尖或渐尖,具粗锯齿或缺裂,背面沿脉有毛。
花: 圆锥花序顶生;花黄色,杂性,不整齐,花萼 5 裂,不等大,花瓣 4,向上翻卷,基部具 2 裂的腺体状附属物,花盘偏于一侧,雄蕊 8,子房 3 室,不完全合生,每室 2 胚珠。
果实: 果皮膜质,蒴果膀胱状,三角状卵形,中空,3 室仅基部合生,先端渐尖。种子球形,黑色。
花果期: 花期 6~9 月;果期 8~10 月。
分布: 产东北南部、华北、华东、西南地区和陕西、甘肃等地。为北方常见的行道树和观赏树。

复叶正面　复叶背面　花

果实　种子

快速识别要点

　　一回或不完全二回羽状复叶,集生枝顶,小叶有锯齿或裂片。圆锥花序大型,顶生;花黄色,杂性,不整齐,花瓣基部红色,具花盘;蒴果三角状卵形,果皮膜质,有脉。

相近树种识别要点检索

1. 一回或不完全二回羽状复叶,小叶具粗锯齿或裂片;蒴果三角状卵形,先端渐尖 ················栾树 ***K. paniculata***
1. 二回羽状复叶,小叶全缘或有细锯齿;蒴果卵形,先端钝尖 ················复羽叶栾树 ***K. bipinnata***

全缘叶栾树(复羽叶栾树) *Koelreuteria bipinnata* Franchet 无患子科 Sapindaceae

树形

果枝

叶

果实

小叶具锯齿
复叶↓羽状复叶

文冠果 *Xanthoceras sorbifolium* Bunge 无患子科 Sapindaceae

树形

树形和习性：落叶灌木或小乔木，高达8m；树冠阔卵形。
枝条：小枝紫色，幼时有毛。
叶：奇数羽状复叶互生，小叶9~19，对生，椭圆形至披针形，先端尖，边缘具尖锐单锯齿，上面亮绿色，无毛。
花：花杂性同株，顶生总状花序，侧生花序和花序基部的花多为雄花；花5基数，花瓣5，白色，基部具黄色至橘红色脉纹，花盘5裂，裂片上有橘红色角状附属物，雄蕊8，子房3室，每室7~8胚珠。
果实：蒴果大，球形，径4~6cm，果皮木质，3瓣裂；种子黑褐色，无假种皮。
花果期：花期4~5月；果期7~8月。
分布：原产于黄土高原地区，集中分布在内蒙古、陕西、山西、河北、甘肃等地，辽宁、吉林、河南、山东、安徽等有少量分布。常见栽培。

复叶正背面

花芽

雄花

两性花解剖

果实

蒴果开裂

果实

花序

快速识别要点

奇数羽状复叶互生，小叶9~19，椭圆形至披针形，具尖锐单锯齿。花杂性同株，顶生总状花序；花5基数，花瓣基部常有黄色至橘红色脉纹，花盘5裂，橘红色。木质蒴果，3瓣裂。

金钱槭 *Dipteronia sinensis* Oliv. 槭树科 Aceraceae

植株

树形和习性：小乔木，高达10m。
树皮：灰色。
枝条：小枝细瘦，幼嫩部分紫绿色，较老部分褐色或暗褐色。芽为裸芽。
叶：一回奇数羽状复叶，基生小叶开裂为3小叶，而成不完整二回羽状复叶，长20~40cm；小叶7~11，纸质，长圆状卵形或披针形，长6~10cm，宽2~4cm，顶端锐尖或长锐尖，基部圆形或宽楔形，边缘具稀疏钝锯齿，无毛或仅叶背脉腋有簇毛；叶柄长5~7cm。
花：圆锥花序顶生或腋生，长15~30cm；花杂性同株，白色，萼片5，花瓣5，长1~1.5mm，雄蕊8，着生在花盘上，子房扁形，有长硬毛，柱头2，向外反卷。
果实：双翅果近圆形，周围具翅，径2~3.3cm，小坚果径约5~6mm，熟时黄色，中心有1粒圆形种子。
花果期：花期4月；果期9月。
分布：产西北南部、华中、西南等地；散生于海拔1000~2000m的林缘或疏林中。为中国特有，国家珍稀保护树种。果实奇特，是优美的观赏树种。

果枝

果序

复叶→羽状复叶
小叶具锯齿

快速识别要点

落叶乔木；裸芽。奇数羽状复叶对生，小叶长圆状卵形，具稀疏钝锯齿，基生小叶常开裂或裂成3小叶。圆锥花序；花杂性同株，白色，具花盘。双翅果，果核周围具圆形翅。

盐肤木 *Rhus chinensis* Mill. 漆树科 Anacardiaceae

植株

树形和习性：落叶小乔木或灌木状，高达 10m，植物体有白色乳汁。

树皮：灰褐色或赤褐色，纵裂。

枝条：小枝粗壮，棕褐色，密被锈色柔毛。

叶：奇数羽状复叶，小叶 7~13，卵状椭圆形，长 6~14cm，宽 3~7cm，先端微突尖，基部圆形或宽楔形，叶缘具粗锯齿，背面密被灰褐色毛；叶轴具叶状宽翅。

花：顶生圆锥花序，密生绣状毛；花小，杂性或单性异株，花 5 基数，内生花盘环状；花瓣白色，花柱 3 裂。

果实：核果扁球形，径约 0.5cm，密被具节柔毛和腺毛，成熟时红色，被白色盐霜。

花果期：花期 8~9 月；果期 10~11 月。

分布：分布广，除青海、新疆、内蒙古、青海和东北北部等外，其余各地均产。

树皮

复叶正面

复叶背面

花序

果序

快速识别要点

植物体有白色乳汁。小枝粗壮，密被锈色柔毛。奇数羽状复叶，具明显的叶轴翅，叶背密被灰褐色绒毛，具粗锯齿。大型顶生圆锥花序；花小。小型核果扁球形，成熟时红色，被白色盐霜，有咸酸味。

相近树种识别要点检索

1. 叶轴有窄翅，小叶 7~13，卵状椭圆形，微突尖，叶缘具粗锯齿，背面密被灰褐色毛。果序松散，核果外被灰色柔毛和白色盐霜····················**盐肤木 *Rh. chinensis***
1. 叶轴无翅，小叶 9~23，长椭圆状披针形或披针形，长渐尖，叶缘具粗锯齿，叶背和叶轴被疏毛；果序密集呈火炬形，核果外被红色柔毛····················**火炬树 *Rh. typhina***

火炬树 *Rhus typhina* Tormer 漆树科 Anacardiaceae

树形

树皮

枝条密被毛

复叶正面

复叶背面

花序

果序

果实

复叶↓羽状复叶 小叶具羽状锯齿

臭椿 *Ailanthus altissima* (Mill.) Swingle　苦木科 Simaroubaceae

树形

树形和习性：落叶乔木，高达 30m；树冠球形。
树皮：灰褐色，平滑或略有浅裂。
枝条：小枝粗壮，黄褐色，具大型的马蹄形叶痕；冬芽扁球形。
叶：大型奇数羽状复叶，小叶 13~25，卵状披针形，长 7~12cm，宽 2~4.5cm，顶端长渐尖，基部圆形或宽楔形，基部每边常具 1~4 腺齿，上部全缘，搓之有臭味。
花：花杂性或单性异株，圆锥花序；花黄绿色，萼和花瓣 5~6，花盘 10 裂，雄蕊 10，雌花心皮 5，与柱头处靠合，基部分离。
果实：翅果长 3~5cm，熟时淡褐黄色或红褐色，翅扭曲，脉纹显著。
花果期：花期 5~6 月；果期 9~10 月。
分布：分布广，北起辽宁南部和西南部，西至陕西汉水流域和甘肃东部，南到长江流域及华南各地。

　　本种是苦木科的一种，与楝科的香椿 *Toona sinensis*（A. Juss.）Roem. 从外型上看相似，但有本质的区别：香椿老树树皮为条状剥裂；小叶边缘为稀疏的锯齿，基部无腺体；花为两性，白色，雄蕊 5，具 5 个退化雄蕊；果实为蒴果，果序下垂，果轴纺锤形（见香椿第 204 页）。

树皮

冬态叶痕

复叶正面

叶基部的腺体

花

快速识别要点

　　树冠近球形。小枝粗壮，具大型的马蹄形叶痕；大型奇数羽状复叶，小叶基部常具 1~4 腺齿，搓之有味。花小，黄绿色，杂性或单性异株，组成圆锥花序；翅果淡褐黄色。

果枝

翅果

苦木 *Picrasma quassioides* (D. Don) Benn.　苦木科 Simaroubaceae

植株

树形和习性：落叶乔木，高达 10m。
树皮：树皮紫褐色，平滑，有灰色斑纹，内皮极苦。
枝条：枝条红褐色，皮孔明显，皮味极苦；裸芽，红色。
叶：奇数羽状复叶，小叶 7~15，长卵形至卵状披针形，长 4~10cm，宽 2~4cm，顶端渐尖，基部偏斜叶缘具不整齐钝锯齿，背面沿中脉有柔毛。
花：花小，黄绿色，花单性异株，组成腋生圆锥花序；花萼 4~5，花后增大，花瓣 4~5，雄蕊 4~5，离心皮 2~5，花盘全缘或 4~5 浅裂。
果实：聚合小核果近球形，径 0.6~0.7cm，成熟时蓝绿色；有宿存的花萼。
花果期：花期 5~6 月；果期 9~10 月。
分布：产辽宁、河北、山东、河南、陕西、江苏、江西、湖南、湖北、四川等地。

树皮

裸芽

复叶正背面

花序

果序

快速识别要点

　　树皮和枝条内皮味极苦；枝条密生黄白色皮孔；裸芽红色。奇数羽状复叶，小叶边缘具不整齐钝锯齿。花小，黄绿色，组成圆锥花序，花盘全缘或 4~5 浅裂。聚合小核果。

复叶↓羽状复叶
小叶具锯齿

203

楝树(苦楝) *Melia azedarach* L. 楝科 Meliaceae

植株

树形和习性：落叶乔木，高达30m。
树皮：幼树皮平滑，皮孔多而明显，老时灰褐色，浅纵裂。
枝条：嫩枝绿色，被星状柔毛。
叶：2~3回奇数羽状复叶，长20~40cm；小叶卵状椭圆形或卵状披针形，长2~8cm，先端渐尖，基部略偏斜，边缘有粗锯齿，稀全缘。
花：花两性，圆锥花序腋生；萼5裂，花瓣5，淡紫色，雄蕊10~12，花丝合生成筒状，深紫色，顶端具10~12齿，花盘环状，子房3~6室。
果实：核果椭圆形或近球形，长1~1.5cm，成熟时淡黄色。
花果期：花期4~5月；果期9~11月。
分布：北京以南平原地区有栽培，常见于我国黄河以南各地。

复叶正背面

花

快速识别要点

　　2~3回奇数羽状复叶。圆锥花序腋生，花瓣5，淡紫色，雄蕊10，花丝合生成筒状，深紫色。核果椭圆形或近球形，成熟时淡黄色，果核5棱，纺锤形。

果实

核果

香椿 *Toona sinensis* (A. Juss.) Roem. 楝科 Meliaceae

植株

树形和习性：落叶乔木，高达25m；树冠阔卵形或近圆形。
树皮：树皮暗褐色，长条片状剥裂。
枝条：小枝粗壮，叶痕大，扁圆形。
叶：偶数(稀奇数)羽状复叶，小叶10~20，长圆形或长圆状披针形，长8~15cm，顶端长渐尖，基部不对称，全缘或具不明显钝锯齿；揉之有特殊香味。
花：花小，两性，圆锥花序顶生；萼短小；花瓣5，白色；雄蕊10，发育雄蕊5，退化雄蕊5或不存在；花盘5棱，橘黄色。
果实：蒴果椭圆状倒卵形或椭圆形，长1.5~2.5cm，成熟后5裂；种子上端具长圆形翅，红褐色。
花果期：花期6月；果期10~11月。
分布：原产中国中部和南部。东北自辽宁南部，西至甘肃，北至内蒙古南部，南到广东、广西，西南至云南均有栽培，其中尤以山东、河南、河北栽植最多。

树皮

幼叶

小叶有锯齿

蒴果开裂

花

种子

复叶－羽状复叶　小叶具锯齿

快速识别要点

　　老树树皮长条片状剥裂；小枝粗壮。偶数(稀奇数)羽状复叶，小叶具不明显疏钝锯齿，揉之有香味。顶生圆锥花序下垂；花小，两性，白色，花盘5棱，雄蕊10，5个发育。蒴果5裂，果核5棱，纺锤形。种子具翅。

花序

接骨木 *Sambucus williamsii* Hance 忍冬科 Caprifoliaceae

树形和习性：落叶灌木或小乔木，高达6m。
树皮：浅灰褐色，具纵条棱。
枝条：老枝淡红褐色，具明显的长椭圆形隆起皮孔，髓心明显，褐色。
叶：奇数羽状复叶对生，小叶常为2~3对，侧生小叶卵圆形或狭椭圆形，长5~15cm，宽1~7cm，叶缘有不整齐锯齿；叶揉后有臭气。
花：圆锥状聚伞花序顶生；花萼5裂，花冠辐射对称，初为粉红色，后为白色或淡黄色，5齿裂，花期裂片向外反折，雄蕊5，子房半下位，3室。
果实：浆果状核果，红色，近球形，径3~5mm；核2~3个，长2.2~3.5mm。
花果期：花期4~5月，果期9~10月。
分布：产东北、华北、华东、华中、华南、西南各地区；生于海拔540~1600m山坡、河谷林缘或灌丛。茎叶入药；枝叶繁茂，红果累累，可栽作园林观赏。

髓心

枝干

复叶正背面

花序　　花　　花序　　果实

快速识别要点

　　落叶灌木或小乔木。枝条髓心大，褐色。奇数羽状复叶对生，小叶具锯齿，揉搓有刺鼻气味。顶生圆锥状花序；花冠黄白色，辐射对称，5裂。核果浆果状，红色。

黄檗（黄菠萝） *Phellodendron amurense* Rupr. 芸香科 Rutaceae

植株

树形和习性：落叶乔木，高达30m，胸径约1m。
树皮：树皮灰褐色，不规则网状开裂，木栓发达，内皮薄，鲜黄色，味苦。
枝条：小枝暗紫红色，无毛；无顶芽，侧芽为柄下芽。
叶：奇数羽状复叶对生，揉之有味；小叶5~13，卵状披针形或卵形，长5~12cm，宽2.5~4.5cm，先端长渐尖，基部不对称，有细钝齿或不明显，有睫毛。
花：花小，淡绿色，单性，雌雄异株，排成顶生的聚伞状圆锥花序；萼片和花瓣5，雄花具雄蕊5，雌花子房具短柄，5心皮5室。
果实：核果圆球形，径约1cm，成熟时蓝黑色。
花果期：花期5~6月；果期9~10月。
分布：产东北至华北北部，同胡桃楸、水曲柳并称为东北地区著名的三大硬阔树种。

树皮

内皮

复叶正背面

花

果序

快速识别要点

　　落叶乔木。树皮木栓层发达，内皮鲜黄色；具柄下芽。奇数羽状复叶对生，揉之有味，小叶边缘有细钝齿和睫毛。核果圆球形，成熟时蓝黑色，具腺窝。

複叶→羽状复叶
小叶具锯齿

花椒 *Zanthoxylum bungeanum* Maxim. 芸香科 Rutaceae

树形

树形和习性：落叶灌木或小乔木。
树皮：黑褐色，常有增大的皮刺和瘤状突起。
枝条：小枝被短柔毛，具扁平皮刺。
叶：奇数羽状复叶互生，小叶5~9(~11)，长1.5~7cm，宽0.8~3cm，卵形、椭圆形至广卵圆形，边缘有细圆钝锯齿，具透明腺点，叶轴具狭翅和小皮刺。
花：聚伞状圆锥花序顶生，花单性异株；花萼4~8，无花瓣，雄花雄蕊5~7，雌花心皮4~6，子房无柄。
果实：蓇葖果球形，红色至紫红色，密生疣状突起；种子1，黑色，有光泽。
花果期：花期3~7月；果期7~10月。
分布：天然分布于秦岭、山东东部和中部。除东北地区和新疆外，在辽宁南部以南全国各地广泛栽培，其中以陕西、河北、四川、河南、山东、贵州、山西为主要产区。

树干具粗大皮刺

叶腺点

皮刺

叶片正背面

花序

快速识别要点

落叶灌木或小乔木。茎干有增大的皮刺和瘤状突起，小枝具扁平皮刺。奇数羽状复叶互生，小叶卵形、椭圆形至广卵圆形，具细圆钝锯齿，具透明腺点，叶轴具狭翅和皮刺。蓇葖果球形，红色至紫红色，密生疣状突起。

果枝

相近树种识别要点检索

1. 单被花，小叶3~11。
　　2. 小叶5~11，卵形至卵状长圆形，具细圆钝锯齿，先端渐尖，叶轴具很窄的叶质翅，顶端小叶较大；花序顶生…………………………………………………………… 花椒 *Z. bungeanum*
　　2. 小叶3~7，披针形至椭圆状披针形，具不明显细锯齿，先端长渐尖，叶轴具较宽的叶质翅，于生小叶处不连续；花序腋生和顶生兼有…………………………………… 竹叶椒 *Z. armatum*
1. 双被花，花序顶生；小叶11~21，卵形至披针形，具不明显细锯齿或近全缘，先端短渐尖至渐尖……………………………………………………………………崖椒（青花椒）*Z. schinifolium*

竹叶椒 *Zanthoxylum armatum* DC. 芸香科 Rutaceae

叶

雄花枝

雌花枝

果枝

崖椒 *Zanthoxylum schinifolium* Sieb. et Zucc. 芸香科 Rutaceae

小叶↓羽状复叶
复叶↓小叶具锯齿

树枝

树皮皮刺

花枝

果实

大叶白蜡 *Fraxinus rhynchophylla* Hance 木犀科 Oleaceae

树形和习性：乔木，高 8~15m；树冠广圆形。
树皮：灰褐色，浅纵裂。
枝条：一年生枝条黄褐色，后变灰褐色；顶芽长卵形，芽鳞黑褐色，密生黄褐色柔毛。
叶：奇数羽状复叶对生，具小叶 3~7，通常 5；顶生小叶最大，宽卵形或近圆形，先端长渐尖至尾尖，基部楔形，锯齿钝，叶背及叶柄关节部有褐色茸毛。
花：圆锥花序生于当年枝上；花无花瓣，雄花与两性花异株，雄蕊 2。
果实：翅果，扁平，翅生于果实顶端。
花果期：花期 5 月；果期 8~9 月。
分布：产于东北南部、华北、西北地区。

树形

树干

小枝

复叶正背面

枝条及冬芽

花序

果序

快速识别要点

　　落叶乔木；冬芽芽鳞黑色。奇数羽状复叶对生，小叶通常 5 个，顶生小叶最大。圆锥花序生于当年生枝条顶端；花无花瓣，与叶同放。翅果倒披针形。

小叶白蜡 *Fraxinus bungeana* DC. 木犀科 Oleaceae

植株

复叶正背面

花序

果枝

翅果

207

水曲柳 *Fraxinus mandschurica* Rupr. 木犀科 Oleaceae

树形

树形和习性：落叶乔木，高达 30m，胸径 60cm；树冠卵形。
树皮：灰褐色，浅纵裂。
枝条：幼枝红褐色，略呈四棱形；冬芽卵球形，黑色或近黑色，鳞片边缘有黄褐色短柔毛。
叶：奇数羽状复叶对生，叶轴具窄翅；小叶 7~13 枚，无柄，椭圆状披针形至卵状披针形，长 8~16cm，宽 2~5cm，先端渐尖，边缘有锯齿，关节处密生黄褐色茸毛。
花：圆锥花序侧生于去年枝上，先叶开放；花单性异株，无花被；雄花具 2 雄蕊；雌花花柱短，柱头 2 裂，具不发育雄蕊 2。
果实：翅果，扁平，扭曲，矩圆状披针形，长 2~4cm，宽 7~9mm；翅先端钝圆或微凹，基部渐狭。
花果期：花期 4~6 月；果实成熟期 9~10 月。
分布：主产东北地区，以小兴安岭、长白山林区为最多。内蒙古、山西、山东等地有栽培。材质坚硬，是产区的主要造林用材树种，也是优良的防护林树种。

树皮

复叶关节

叶片正背面

快速识别要点

落叶乔木。奇数羽状复叶对生，小叶着生处具关节，关节处密生黄褐色茸毛，叶轴具极窄翅和凹槽。圆锥花序侧生于去年枝上；花单性异株，无花被。翅果先端宽而扭曲。

翅果

相近树种识别要点检索

1. 圆锥花序生于去年生枝上；花单性异株；小叶关节处密生黄褐色茸毛。翅果先端宽而扭曲，树皮常纵裂⋯⋯⋯⋯⋯⋯⋯⋯⋯⋯⋯⋯⋯⋯⋯⋯⋯⋯⋯⋯⋯⋯⋯⋯⋯⋯⋯⋯⋯⋯⋯ **水曲柳 *F. mandschurica***
1. 圆锥花序生于当年生枝上。翅果翅直伸。
  2. 无花瓣或偶有花瓣。乔木，树皮常光滑，不开裂。
    3. 小叶 7 (5~9)，椭圆形或卵状椭圆形。花两性，偶有白色花瓣⋯⋯⋯⋯⋯⋯ **白蜡树 *F. chinensis***
    3. 小叶 5 (3~7)，宽卵形或近圆形。雄花与两性花异株⋯⋯⋯⋯⋯ **大叶白蜡 *F. rhynchophylla***
  2. 花瓣条形，白色微带绿，花两性；小叶 5~7，卵形、菱状卵形或卵圆形。灌木⋯⋯⋯⋯ **小叶白蜡 *F. bungeana***

白蜡树 *Fraxinus chinensis* Roxb. 木犀科 Oleaceae

枝叶

花序

翅果

花

小叶具羽状锯齿
复叶↳羽状复叶

美国凌霄 *Campsis radicans* (L.) Seem. 紫葳科 Bignoniaceae

植株

株形和习性: 落叶木质攀缘藤本, 茎长约10m。
树皮: 树皮灰褐色, 细条状纵裂。
枝条: 黄褐色或紫褐色, 具气生根。
叶: 奇数羽状复叶对生, 小叶 9~13, 椭圆形至卵状椭圆形, 长3.5~6.5cm, 宽 2~4cm, 先端尾状渐尖, 基部楔形或圆形, 边缘有锯齿, 下面被柔毛。
花: 顶生圆锥花序; 花萼钟状, 近革质, 5 浅裂, 裂片卵状三角形; 花冠漏斗状钟形, 5 裂, 长6~9cm; 雄蕊4, 2 强。
果实: 蒴果, 长圆形, 2 瓣裂。种子扁平, 具翅。
花果期: 花期6~8月; 果期10月。
分布: 原产北美洲, 我国北方习见, 栽培供观赏。

气生根

复叶正背面

花序

花解剖

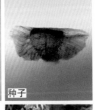

种子

快速识别要点

攀援藤本, 枝条具气生根。奇数羽状复叶对生, 小叶有锯齿。花冠漏斗状, 鲜红色或橘红色, 略呈二唇状, 花萼近革质。蒴果长如豆荚; 种子具膜质翅。

果实

相近树种识别要点检索

1. 小叶 9~11, 下面被毛; 花萼革质, 5 裂至1/3 处, 裂片短, 卵状三角形······美国凌霄 *C. radicans*
1. 小叶 7~9, 两面无毛; 花萼草质, 5 裂至1/2 处, 裂片大, 披针形······凌霄 *C. grandiflora*

凌霄 *Campsis grandiflora* (Thunb.) Schum. 紫葳科 Bignoniaceae

植株

叶

花

花

野鸦椿 *Euscaphis japonica* (Thunb.) Kanitz 省沽油科 Staphyleaceae

植株

树形和习性：落叶小乔木或灌木。

树皮：树皮灰褐色，具纵条纹。

枝条：小枝及芽红紫色。

叶：奇数羽状复叶对生，叶轴淡绿色，具关节，小叶 5~9，厚纸质，长卵形或椭圆形，先端渐尖，基部钝圆，边缘具疏短锯齿，齿尖有腺体，两面仅背面沿脉有白色小柔毛，主脉上面明显，背面突出，侧脉 8~11；小托叶线形，有微柔毛。

花：圆锥花序顶生，花梗长达 21cm，花多，较密集，黄白色，萼片与花瓣均 5，椭圆形，萼片宿存，花盘盘状，心皮 3，分离。

果实：蓇葖果长 1~2cm，每一花发育为 1~3 个蓇葖，果皮软革质，紫红色，有纵脉纹，种子近圆形，径约 5mm，假种皮肉质，黑色，有光泽。

花果期：花期 5~6 月，果期 8~9 月。

分布：除西北、华北北部和东北地区外，全国均产，主产江南各省，西至云南东北部。

叶

果枝

花序

果实

快速识别要点

　　落叶小乔木或灌木；枝叶揉碎后有气味。奇数羽状复叶对生，叶轴具关节，小叶边缘具疏短锯齿，齿尖有腺体。蓇葖果具 1~3 个蓇葖，果皮紫红色，有纵脉纹；种子具黑色肉质假种皮。

七叶树 *Aesculus chinensis* Bunge 七叶树科 Hippocastanaceae

树形

树形和习性：落叶乔木，高达 25m；树冠近圆形或阔卵形。

树皮：灰褐色，较光滑。

枝条：小枝粗壮，黄褐色或灰褐色；冬芽大形，有树脂。

叶：掌状复叶对生，有长柄，小叶 5~7，倒卵状椭圆形或长圆状椭圆形，长 8~20cm，顶端渐尖，基部楔形，叶缘有细锯齿，背面沿脉疏生毛；无托叶。

花：圆锥花序塔形，直立；花杂性，雄花和两性花同株，白色，微带红晕，花萼 5 裂，不等大，花瓣 4，雄蕊 6，子房 3 室。

果实：蒴果扁球形，径 3~3.5cm，顶端扁平，褐黄色，密被疣点。

花果期：花期 5 月；果期 9~10 月。

分布：秦岭地区有野生；常栽培作行道树或庭院树。

　　北方亦可见到栽培的欧洲七叶树 *Aesculus hippocastanum* L.，主要特征为小叶无柄，边缘有尖锐重锯齿，叶面皱，不平滑；果实近球形，具刺。

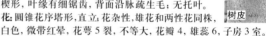
树皮

枝条、芽

幼叶

叶

雄花

两性花

花序

果实

快速识别要点

　　小枝粗壮，冬芽明显。掌状复叶对生，有长柄，小叶常为 7。圆锥花序塔形，花杂性同株，白色，有红晕。蒴果扁球形，密被疣点；种子大，板栗状。

复叶↓羽状复叶　小叶具锯齿　掌状复叶

复叶

五叶地锦（美国地锦）*Parthenocissus quinquefolia* (L.) Planch. 葡萄科 Vitaceae

植株

株形和习性：落叶大藤本。
枝条：小枝红褐色，几无毛，髓心白色。卷须 5~9 分枝。
叶：掌状复叶，长 5~12cm，小叶较厚，具短柄，先端急尖，基部楔形，边缘有粗大锯齿。总叶柄长 5~10cm。
花：聚伞花序顶生或假顶生；花部常 5 数，花瓣离生、开展、黄绿色。
果实：果球形，直径约 6mm，熟时蓝黑色，有白粉。
花果期：花期 6~7 月；果期 9 月。
分布：原产北美洲，我国北方常有栽培。

复叶正背面

花序

快速识别要点

　　落叶藤本，卷须总状 5~9 分枝，与叶对生，顶端有吸盘。掌状复叶互生，5 小叶。小叶倒卵圆形、倒卵椭圆形，最宽处在上部或近中部，顶端短尾尖，边缘有粗锯齿；侧脉 5~7 对，网脉两面均不明显突出。

秋叶

果序

乌头叶蛇葡萄 *Ampelopsis aconitifolia* Bunge 葡萄科 Vitaceae

植株

花枝

快速识别要点

　　掌状复叶，具 5 小叶，小叶 3~5 羽裂，披针形，中央小叶多位深裂。

花枝

掌状复叶

复叶

刺五加 *Acanthopanax senticosus* (Rupr. et Maxim.) Harms　五加科　Araliaceae

植株

皮刺

树形和习性: 落叶灌木, 高可达6m。

枝条: 小枝密被下弯针刺, 尤萌条和幼枝明显。

叶: 掌状复叶, 互生, 小叶 5 (3), 椭圆形倒卵形或长圆形, 长 5~13cm, 表面脉上被粗毛, 背面脉上被淡黄褐色柔毛, 小叶柄长 0.5~2cm, 密被黄褐色毛。

花: 伞形花序单生枝顶或 2~6 簇生; 花紫黄色, 萼 5 齿裂, 花瓣 5, 子房 5 室, 花柱合生。

果实: 浆果状核果, 卵状球形, 具 5 棱, 成熟时紫黑色。

花果期: 花期 6~7月; 果期 8~11月。

分布: 产东北及华北地区, 散生或丛生于林内、灌丛中、沟边或路旁。根皮供药用, 中药称"五加皮", 具有与人参同样的强壮作用。

叶

花序

花

果实

快速识别要点

落叶灌木, 小枝密生下弯的针状皮刺。掌状复叶, 5 小叶, 椭圆状倒卵形或长圆形。伞形花序近球形, 单生枝顶或 2~6 簇生。核果具 5 棱, 成熟时紫黑色。

相近树种识别要点检索

1. 掌状复叶, 小叶 5; 伞形花序, 花具细梗。
    2. 茎枝密生皮刺; 叶椭圆状倒卵形至矩圆形, 边缘有锐尖重锯齿, 幼叶叶背和叶柄有淡褐色毛; 子房 5 室……………………………………………………………………………**刺五加 *A. senticosus***
    2. 蔓生状灌木, 枝无刺或在叶柄基部单生扁平的刺。小叶 5, 稀 3~5, 倒卵形至披针形, 具钝细锯齿, 叶背脉腋有淡棕色毛。伞形花序腋生或生于短枝顶端; 花柱分离, 子房 2 室……………………………………………**五加 *A. gracilistylus***
1. 掌状复叶, 小叶 3~5, 倒卵形至长圆状披针形, 具不整齐锯齿。枝、叶柄无刺或疏生刺。头状花序紧密, 组成圆锥花序, 花无梗; 花柱合生, 子房 2 室…………………………………………………**无梗五加 *A. sessiliflorus***

无梗五加 *Acanthopanax sessiliflorus* (Rupr. et Maxim.) Seem.　五加科　Araliaceae

树皮　小叶　花序　叶片正背面　果实

五加 *Acanthopanax gracilistylus* W. W. Smith　五加科　Araliaceae

枝叶

花序

复叶　掌状复叶

212

荆条 *Vitex negundo* L. var. *heterophylla* (Franch.) Rehd. 马鞭草科 Verbenaceae

灌丛

树形和习性： 落叶灌木，多分枝。
枝条： 老枝灰褐色，小枝四棱形，密被灰白色绒毛。
叶： 具长柄；掌状复叶对生，小叶 5，卵状长椭圆形至披针形，先端锐尖，边缘具缺刻状锯齿或羽状裂，背面灰白色，被柔毛。
花： 疏展的圆锥花序顶生，长 8~27cm，花序梗密生白色绒毛；花萼钟状，具 5 齿裂，宿存；花冠蓝紫色，二唇形；雄蕊 4，2 强，伸出花冠外。
果实： 核果近球形，被宿存花萼包被 2/3。
花果期： 花期 6~8 月；果期 7~10 月。
分布： 产中国东北、华北、西北及西南各省。

　　在华北和西北地区，生于海拔 1000m 以下的阳坡，常与酸枣 *Ziziphus jujuba* var. *spinosa* 形成地带性灌丛，是产区重要的水源涵养林、水土保持林和野生动物的栖息地。荆条花蜜是华北地区著名的蜂蜜品种。

快速识别要点

　　落叶灌木。掌状复叶对生，小叶 5，边缘具缺刻状锯齿或羽状裂。花冠二唇形，蓝紫色。核果球形，为宿存花萼所包。

叶片正背面

花枝

花

花和果实

黄荆 *Vitex negundo* L. 马鞭草科 Verbenaceae

花枝

花枝

叶

果枝

213

沙冬青 *Ammopiptanthus mongolicus* (Maxim. ex Kom.) S. H. Cheng 蝶形花科 Fabaceae

植株

叶

花

树形和习性：常绿灌木，高 1~2m，多分枝。
枝条：小枝粗壮，黄绿色。
叶：羽状三出复叶，少单叶，小叶革质，菱状椭圆形至宽披针形，全缘，两面密被灰白色绒毛，先端钝或锐尖，托叶小，与叶柄连合而抱茎。
花：总状花序顶生或侧生；花萼筒状，疏生柔毛，蝶形花冠黄色，雄蕊 10，分离。
果实：荚果长矩圆形，扁平。种子 2~5。
花果期：花期 4~5 月；果期 5~6 月。
分布：产宁夏、青海、甘肃、内蒙古。蒙古也产。生于固定沙地、沙质石质山坡。为薪炭、固沙和观赏灌木。

果实

快速识别要点

常绿灌木，多分枝。小枝黄绿色。羽状三出复叶，少单叶；小叶菱状椭圆形至宽披针形，全缘，两面密被灰白色绒毛，先端钝或锐尖。蝶形花黄色，总状花序顶生或侧生。荚果长矩圆形，扁平。

胡枝子 *Lespedeza bicolor* Turcz. 蝶形花科 Fabaceae

灌丛

树形和习性：直立灌木，高 1~3m，多分枝。
枝条：小枝黄色或暗褐色，有条棱，被疏毛；芽卵形，具数枚黄褐色鳞片。
叶：羽状三出复叶，顶生小叶椭圆形或卵状椭圆形，长 3~6cm，宽 1.5~4cm，顶端钝或凹，有小尖，基部圆形，两面疏生短毛。
花：总状花序腋生，较叶长；萼杯状，萼齿 5，较萼筒短，花冠蝶形，紫红色，龙骨瓣先端钝圆，雄蕊 10，二体。
果实：荚果斜卵形，长约 10mm，具 1 种子。
花果期：花期 7~8 月；果期 9~10 月。
分布：产东北、华北、西北等地区。北京各山区均有分布，生于山坡灌丛或林缘。枝叶可作绿肥及饲料，枝条可编筐，亦为良好的水土保持和饲料植物。

叶片正背面

花序

花解剖

快速识别要点

落叶灌木。羽状三出复叶，小叶椭圆形，两面疏生灰白色短毛。花序每节具 2 朵花；蝶形花冠，紫红色，龙骨瓣先端钝圆。荚果斜卵形。

果序

相近树种识别要点检索

1. 小叶为椭圆形或倒卵形；花紫红色。
　2. 灌木，高 1m 以上；小叶椭圆形······················胡枝子 *L. bicolor*
　2. 亚灌木，高不超过 1m；小叶小，倒卵形，叶脉整齐明显···多花胡枝子 *L. floribunda*
1. 小叶较窄，为披针状长园形；花黄白色，亚灌木···············达呼里胡枝子 *L. davurica*

多花胡枝子 *Lespedeza floribunda* Bunge 蝶形花科 Fabaceae

植株

枝叶

花枝

达呼里胡枝子 *Lespedeza davurica* (Laxm.) Schindl. 蝶形花科 Fabaceae

植株

果枝

叶

花枝

花

菰子梢 *Campylotropis macrocarpa* (Bunge) Rehd. 蝶形花科 Fabaceae

植株

树形和习性：灌木，高 1~2m。

枝条：小枝幼嫩时常被毛，老枝无毛；枝条多拱形弯曲。

叶：羽状三出复叶，互生，顶生小叶矩圆形或椭圆形，长 3~6.5cm，顶端圆或微凹，有短尖，基部圆形，背部有淡黄色柔毛。

花：总状花序腋生，花序每节苞片腋内生 1 花；花梗在萼下有关节，萼钟形，萼齿 5，花冠蝶形，淡紫色或粉红色，龙骨瓣先端尖。

果实：荚果斜椭圆形，长 1.2~1.5cm，不开裂，种子 1。

花果期：花期 7~9 月；果期 9~10 月。

分布：产东北、华北、西北、华东地区及四川等地；生于山坡、沟边、林缘或疏林中。根及叶入药，可作水土保持及园林绿化造林树种。

本种在野外经常同胡枝子属的胡枝子 *Lespedeza bicolor* Turcz. 相混淆。胡枝子枝条多直立；花序每节具两朵花，龙骨瓣先端钝圆，花梗无关节，花深紫色；小叶背面为白色短柔毛，与菰子梢区别明显。

复叶正背面　　　　　　胡枝子(左)和菰子梢(右)花叶比较

快速识别要点

　　落叶灌木；枝条多拱形弯曲。羽状三出复叶，幼叶密被锈色绒毛，小叶背部沿中脉有锈色柔毛。花序每节具 1 花，花梗有关节；蝶形花冠淡紫色，龙骨瓣先端尖。荚果斜椭圆形。

花

荚果

复叶
三出复叶（包括单身复叶）

215

葛 *Pueraria lobata* (Willd.) Ohwi　蝶形花科 Fabaceae

灌丛

株形和习性: 缠绕藤本, 常有块根; 全株被黄色粗长毛。
枝条: 枝条黄褐色, 被毛。
叶: 羽状 3 出复叶, 顶生小叶菱状卵形, 长 5.5~19cm, 顶端渐尖, 基部圆形, 有时浅裂, 背面有粉霜, 侧生小叶宽卵形, 有时具裂片, 基部倾斜。
花: 总状花序腋生, 花密集; 花冠蝶形, 蓝紫色; 二体雄蕊成 (9) + 1。
果实: 荚果线形, 扁平, 长 5~10cm, 密生黄褐色长硬毛。
花果期: 花期 8~9 月; 果期 9~10 月。
分布: 我国除黑龙江、新疆外几乎各地均产。生于山坡路旁及疏林中。

叶片

花序

果实

快速识别要点

缠绕藤本, 常有块根; 全株被黄色粗长毛。羽状三出复叶, 顶生小叶菱状卵形。总状花序腋生; 花冠蝶形, 蓝紫色。荚果线形, 扁平, 密生黄褐色长硬毛。

迎春 *Jasminum nudiflorum* Lindl.　木犀科　Oleaceae

灌丛

树形和习性: 落叶灌木, 高 0.4~5m。
枝条: 小枝绿色, 细长, 下部直立, 上部拱形下垂, 四棱形。
叶: 三出复叶对生, 幼枝基部常有单叶, 卵形至长圆状卵形, 长 1~3cm, 先端急尖, 叶缘有短睫毛。
花: 花单生于去年生枝叶腋, 苞片小, 叶状; 花萼裂片 5~6, 线形, 绿色, 花冠高脚碟状, 黄色, 径约 2~2.5cm, 常 6 裂, 长为花筒管的 1/2, 雄蕊 2。
果实: 浆果, 椭圆形, 但通常不结果。
花果期: 花期 2~4 月; 北方未见结果。
分布: 产于河南、陕西、甘肃以南等地。各地普遍栽培, 早春观花植物。

小枝

叶片正背面

枝条

花

快速识别要点

落叶灌木; 枝细长拱形, 绿色, 有 4 棱。三出复叶对生。花单生叶腋, 先叶开放, 花冠高脚碟状, 黄色, 6 裂。浆果椭圆形。

茉莉花 *Jasminum sambac* (L.) Ait.　木犀科　Oleaceae

植株

枝叶

花

三出复叶（包括单身复叶）
复叶

216

梣叶槭（复叶槭） *Acer negundo* L. 槭树科 Aceraceae

植株

树形和习性：落叶乔木，高达 20m。
树皮：树皮黄褐色、黄绿色或灰褐色。幼树树皮光滑。
枝条：小枝圆柱形，无毛，当年生枝绿色，多年生枝黄褐色。冬芽小，鳞片 2，镊合状排列。
叶：羽状复叶，长 10~25cm，3~7 小叶，卵形或椭圆状披针形，长 8~10cm，先端渐尖，边缘有 3~5 个粗锯齿，上面深绿色，无毛，下面淡绿色，除脉腋有丛毛外其余部分无毛。
花：雌雄异株。单被花，无花盘，先花后叶。雄花组成聚伞花序，雌花序为总状，均下垂；花小，黄绿色，雄蕊 4~6，花丝长。
果实：小坚果长圆形或长圆卵形，无毛，翅稍向内弯，张开成锐角或近于直角。
花果期：花期 4~5 月，果期 9 月。
分布：原产北美洲。在辽宁、内蒙古、河北、山东、河南、陕西、甘肃、新疆、江苏、浙江、江西、湖北等栽培。

快速识别要点

　　落叶乔木。当年生枝绿色。羽状复叶 3~7 小叶，小叶卵形或椭圆状披针形，边缘具 3~5 粗锯齿。雌雄异株，常下垂，无花瓣，雌花序总状。果长圆形或长圆卵形，无毛；翅稍向内弯，张开成锐角或近于直角。

叶

果

相近树种识别要点检索

1. 小叶 3~5，稀 7~9，小叶卵形至椭圆状披针形，具 3~5 粗锯齿，叶背脉腋内有丛毛；树皮光滑，有裂纹或纵裂。枝条绿色至黄褐色；双翅果张开成锐角，但不为直角·······························梣叶槭 *A. negundo*
1. 小叶 3，双翅果张开成锐角或近于直立，小枝紫色或紫绿色。
　2. 树皮常薄片脱落；小叶长圆卵形至长圆披针形，先端渐尖，叶缘中段以上有 2~3 粗钝齿；叶背有白粉，沿叶脉有白色疏柔毛，叶柄细长；双翅果有淡黄色疏柔毛·················三花槭 *A. triflorum*
　2. 树皮粗糙。
　　3. 小叶椭圆形至长椭圆形，全缘或先端有稀疏钝锯齿；叶背沿脉有密毛；雌花和雄花组成下垂的穗状花序，侧生于无叶的 2~3 年生小枝旁，近无花梗·················建始槭 *A. henryi*
　　3. 幼枝、花序、小叶和翅果无毛。当年生枝紫褐色；小叶披针形或长圆状披针形，先端锐尖，具钝锯齿，叶背微被白粉，沿叶脉有白色疏柔毛；翅果紫褐色·················东北槭 *A. mandshuricum*

东北槭 *Acer mandshuricum* Maxim. 槭树科 Aceraceae

叶片正背面

叶

建始槭 *Acer henryi* Pax 槭树科 Aceraceae

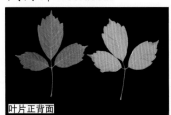
叶片正背面

花序

三花槭 *Acer triflorum* Kom. 槭树科 Aceraceae

树皮

叶

省沽油 *Staphylea bumalda* DC. 省沽油科 Staphyleaceae

树形和习性：灌木或小乔木，高可达 8m。

树皮：树皮紫红色或灰褐色，有纵棱。

枝条：枝条开展，小枝光滑，淡绿色，2 年生枝紫红色，细纵裂，裂纹白色，老枝变灰褐色。

叶：复叶对生，具 3 小叶，小叶椭圆形或卵圆形，顶端小叶较两侧小叶大，长 4.5~8cm，宽 2.5~5cm，先端渐尖，基部楔形或圆形，边缘有细锯齿，上面绿色，下面青白色，沿脉有短毛；叶柄长 5~8cm。

花：圆锥花序顶生，直立；萼片黄白色，花瓣白色，较萼片稍大，雄蕊 5。

果实：蒴果膀胱状，扁平，2 室，先端 2 裂。种子黄色，有光泽。

花果期：花期 4~5 月；果期 9~10 月。

分布：产黑龙江（栽培）、吉林、辽宁、河北、山西、陕西、浙江、湖北、安徽、江苏、四川，生于路旁、山地或丛林中。

叶片正面

叶片背面

花

果实

种子

快速识别要点

灌木或小乔木。三出复叶对生，小叶椭圆形或卵圆形。圆锥花序直立，花白色。蒴果膀胱状，果皮膜质，扁平，先端 2 裂。

相近树种识别要点检索

1. 顶生小叶柄短，长仅 1cm；小叶椭圆形、卵圆形至卵状披针形，先端锐尖成尾状，具细尖锯齿，基部楔形。圆锥花序顶生。蒴果扁平，2 裂···················省沽油 *S. bumalda*

1. 顶生小叶柄较长，长 1.5~4cm，小叶长圆状披针形至狭卵形，先端突尖，具骨质硬细锯齿，基部钝。伞房花序。蒴果 3 裂，梨形膨大···················膀胱果 *S. holocarpa*

膀胱果 *Staphylea holocarpa* Hemsl. 省沽油科 Staphyleaceae

树形

叶

叶片正背面

花

果实

三出复叶（包括单身复叶）
复叶

枳(枸橘) *Poncirus trifoliata* (L.) Raf. 芸香科 Rutaceae

果实

树干

树形和习性: 落叶灌木至小乔木,高 1~5m。
树皮: 灰褐色,较光滑。
枝条: 枝绿色,小枝扁,有纵棱,具腋生枝刺。
叶: 三出复叶,互生,小叶等长或中间的一片较大,长 2~5cm,宽 1~3cm,有细钝裂齿或全缘,嫩叶中脉上有细毛;叶轴长 1~3cm,具狭长的翅。
花: 花白色,芳香,单朵或成对腋生,先叶开放;花萼 5,花瓣 5,匙形,雄蕊约 20;花柱短粗,柱头增大为头状。
果实: 柑果圆球形或梨形,径 3.5~6cm,果皮粗糙,油囊小而密,密被短柔毛,熟时黄色,果心充实,瓤囊 6~8 瓣。
花果期: 花期 5~6 月;果期 9~11 月。
分布: 产长江中游各地,北京以南地区广泛栽培观赏。

叶片正背面

叶轴

花

果实

快速识别要点

　　枝绿色,有棱,具枝刺。三出复叶,有透明油腺点,叶轴具狭长的翅(翼柄)。花白色,芳香。柑果圆球形或梨形,果皮粗糙,熟时黄色。

橙 *Citrus sinensis* (L.) Osbeck 芸香科 Rutaceae

树形

花

果实

柑橘 *Citrus reticulata* Blanco 芸香科 Rutaceae

树形和习性: 常绿灌木至小乔木。
枝条: 枝绿色，小枝有纵棱，具不明显枝刺或枝刺短。
叶: 单身复叶，翼叶通常狭窄或不明显，叶片披针形、椭圆形或阔卵形，变异较大，长 4~10cm，宽 2~3cm，中上部常有细钝齿，稀全缘。
花: 花黄白色，单生或 2~3 朵簇生叶腋；花萼不规则 3~5 浅裂，花瓣 5，椭圆形或长圆形，雄蕊 18~25，合生为 3~5 束，子房花柱细长，约为子房的 2 倍。
果实: 柑果扁球形至近圆球形，果皮薄，淡黄色、朱红色或深红色，易剥离；橘络呈网状，易分离；果实中心柱大而常空，瓢囊 9~15 瓣。
花果期: 花期 4~5 月；果期 10~12 月。
分布: 原产中国，秦岭以南各地常见栽培。为著名的水果，栽培历史悠久，品种极多。

树形

枝条

花枝

花

子房，示花柱细长

未成熟果实

成熟果实

快速识别要点

枝绿色，有纵棱。单身复叶，翼叶通常狭窄或不明显。花黄白色，子房花柱细长。柑果扁球形至近圆球形，果皮薄，易剥离。

相近树种识别要点检索

1. 单身复叶的翼叶狭窄或不明显；果皮薄，松散，与果肉易剥离 ·········· 柑橘 *C. reticulata*
1. 单身复叶的翼叶明显；果皮较厚，海绵质，与果肉不易剥离。
   2. 翼叶宽，倒心形；柑果大，径 10~25cm ·········· 柚 *C. grandis*
   2. 翼叶较窄，但明显；柑果径小于 10cm ·········· 橙 *C. sinensis*

柚 *Citrus grandis*（L.）Osbeck 芸香科 Rutaceae

叶片正背面

叶

幼果

三出复叶（包括单身复叶）
复叶

中文名索引
Index of Chinese Names
（按汉语拼音顺序排列）

拉丁名索引
Index of Scientific Names
（按字母顺序排列）